JN000627

ゼロからはじめる

Twitter 【ツイッター】

基本 & 便利技

リンクアップ 著

技術評論社

☑CONTENTS

Chapter 1
Twitter をはじめよう

Chapter 2
ツイートで伝えよう

Chapter 3
気になる人をフォローして情報を集めよう

☑ CONTENTS

Chapter 4
Twitter をもっと便利に使おう

Chapter 5
アプリを連携して楽しもう

Chapter 6

パソコン版のTwitterを使ってみよう

Chapter 7

こんなときはどうする？Q&A

第 **1** 章

Twitterをはじめよう

Section

01

Twitterって
どんなことができるの?

Twitterとは、1度に140文字までの文章を投稿できるWebサービスです。投稿した文章は「ツイート」と呼ばれます。文章だけでなく写真や動画、WebページのURLなど、さまざまな情報も投稿することができます。

☑ 情報の発信や収集が気軽に行える

Twitterという名称は「Tweet（小鳥のさえずり、おしゃべり）」を語源としており、Twitterで文章や写真を投稿することを「ツイート」あるいは「つぶやき」と呼びます。世界中の人々が、日常生活のちょっとした様子や、趣味や時事問題についての意見などを気軽に投稿しています。

ツイートを投稿すると、「タイムライン」と呼ばれる場所に表示されます。自分以外のツイートもタイムラインに表示したいときは、ほかの人のアカウントを「フォロー」します。同様に、自分のツイートをほかの人に読んでもらうには、自分のアカウントをフォローしてもらう必要があります。このように、気になるアカウントをフォローしていくことで、タイムラインに表示されるツイートの数も増えていきます。

●気軽にツイートを投稿しよう

ランチを食べます！

今日はいい天気だなぁ。

https://www.xxx..このサイト面白い！

写真の投稿

日常のさり気ないつぶやき

URLなどの共有

最低限のマナーさえ守れば、投稿するツイートの内容に決まりはありません。友人のアカウントはもちろん、趣味が合いそうな人のアカウントや好きな有名人のアカウントなどを探し、どんどんフォローしていくとよいでしょう。

ツイートは「タイムライン」と呼ばれる場所に一覧表示される

☑ ほかのユーザーと交流できる

Twitterの特徴は、情報の発信と収集だけではありません。タイムラインに表示されたツイートに返信したり、アカウントに直接メッセージを送ったりすることで、世界中の人々と交流し、親睦を深めることができます。

● ほかのアカウントに返信してみよう

サッカー好きな方が
いたら、気軽にリプライ
してください！

はじめまして！
どこのチームの
ファンですか？

Twitterには、タイムラインに表示されているツイートに対して返信をすることができる「リプライ」という機能があります。共通の趣味を持っているアカウントを見つけたら、リプライしてみるのもよいでしょう。

☑ 情報を拡散できる

自分が読んだツイートを、ほかのアカウントにも知らせたいというときは、「リツイート（RT）」機能を使います。リツイートは、自分をフォローしているアカウントのタイムラインにも表示されるため、情報を拡散することができます。できるだけ多くの人に知らせたいツイートにはしばしば冒頭に「RT希望」などと書かれています。ただし、信ぴょう性の低い情報をリツイートしてしまうと、デマの拡散に加担してしまう恐れがあります。ツイートの真偽についてはきちんと確認するようにしましょう。

● RTで情報を拡散しよう

RTしよう

山田 太郎

【RT希望】東京都
〇〇区〇〇町〇丁目
付近で、赤い財布を
落としてしまいまし
た。もし見つけた方
がいたら、このアカ
ウントまでご連絡を
お願いします。

RTすることで自分のフォロワーの
タイムラインにも表示させられる

日々の生活に役立つ情報や紛失物に関するツイート、面白い画像が添付されたツイートなどは、多くの人が「ほかの人にも知ってほしい」と考える傾向にあるため、よくリツイートされます。数万単位でリツイートされたツイートは、一時的に流行することを意味する「バズる」という言葉で呼ばれることがあります。

Section
02 Twitterと ほかのSNSとの違いは?

Web上で人や組織どうしをつなげるシステムを「SNS（ソーシャルネットワーキングサービス）」と呼びます。ここでは、代表的なSNSとTwitterを比較することで、それぞれの違いを知りましょう。

第1章 Twitterをはじめよう

☑ LINEとの違い

Twitterは1人でも利用できるのに対して、LINEは、1対1、あるいはグループチャットで知人や友人と連絡を取るために利用されることが多いサービスです。また、音声による通話も可能なので、メールや電話のような連絡手段として捉えるとわかりやすいでしょう。一方、「タイムライン」機能によって、Twitterと同じように写真や文章を投稿することもできます。

●LINEは連絡手段として使う

LINEは、主に友人や家族との連絡手段として利用されています。アカウントを登録した相手といつでもどこでもメッセージを送り合ったり、電話を掛けたりできる点が特徴です。トピックごとに匿名で意見を交換し合う「LINE OpenChat」や、Twitterのように文章や写真を投稿できる「タイムライン」機能もありますが、メインの用途としてはあまり使われていません。

☑ Facebookとの違い

Twitterは匿名でも利用できるのに対して、Facebookは「実名登録」が規約で義務付けられています。実生活と紐付くため、互いに信頼し合った友達や知り合いと交流することを目的に使っている人が多いといえます。幼馴染や昔の同級生とFacebookで再会したということも少なくありません。

●Facebookは知り合いとの関係を深める

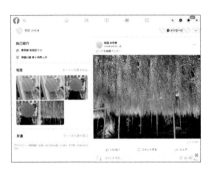

友人や知人と近況を語り合ったり、いっしょに楽しんだレジャーの画像を共有したりと、実生活でつながりのある人間関係をオンラインで深めていく点がFacebookの特徴です。

☑ Instagramとの違い

Twitterは文章をメインに投稿するのに対して、Instagramは写真をメインに投稿する点が最大の特徴です。もちろん文章を投稿することもできますが、あくまで写真の内容を説明するためのコメントとして投稿されることが多い傾向にあります。利用者として多いのは20代の男女です。

●Instagramは写真をメインに投稿する

おしゃれな場所や食べ物など、いわゆる「映える」写真が多く投稿されるのがInstagramです。また、「ハッシュタグ（Sec.43参照）」の使われ方にも違いがあります。Twitterにおけるハッシュタグは主に検索のために使用されますが、Instagramにおけるハッシュタグはその文言自体が投稿者の気分を表すものとしてよく使われます。

Section
03 Twitterを始める前に これだけは知っておこう

Twitterは、スマートフォンかインターネットに接続したパソコンがあれば誰でも無料で始めることができますが、事前にいくつか押さえておくべき知識もあります。それらをまとめて解説していきます。

第1章 Twitterをはじめよう

☑ 事前に知っておくべき知識

●メールアドレスを用意しておこう

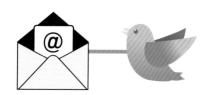

Twitterを始めるには、メールアドレスが必要です。メールアドレスを持っていない場合は、あらかじめ取得しておきましょう。手軽に取得できるメールアドレスとしては「Gmail」などがよいでしょう。

●アカウントは複数作成することが可能

| 時事ネタ収集用アカウント | 趣味についてツイートするアカウント | 友人とつながるためのアカウント |

趣味のツイートと友人とのつながりを分けたい場合は、複数のアカウントを作成することも可能です。ただしその場合は、アカウントごとに別のメールアドレスを用意する必要があります。

● 実名でなくてもOK

 高橋 啓介

都内でエンジニアとして働く30歳です。趣味は映画鑑賞と登山。同じ趣味の方とつながりたいです！

 KT

都内でエンジニアとして働く30歳です。趣味は映画鑑賞と登山。同じ趣味の方とつながりたいです！

実名でもニックネームでもOK

Facebookなどとは違い、Twitterは実名でもニックネームでも利用することができます。また、Twitterアカウントを作成すると、連絡先を知っている人のTwitterアカウントとつながるかどうかを決めることも可能です。用途によって使い分けるとよいでしょう。

● つぶやかなくても利用はできる

 今日はいい天気だな～

NEWS ○○県○○市で事件がありました。

 かわいい猫の画像をお届けします

 猫かわいい！

Twitterを始めるといえば、とにかく何かをツイートしなければならないと考えがちですが、何もつぶやかずに情報を収集するだけ、といった使い方もあります。ほかの人のつぶやきを見るうちにだんだんツイートすべき内容が浮かぶこともあるので、まずはアカウントを作成してみましょう。

● 不審なアカウントに注意する

Twitter始めました！

はじめまして！新規Twitterユーザー限定で、楽に稼げるお話があるのですが、ご興味ありませんか？

Twitterにはしばしば、「1日で○万円稼げる副業を紹介します」といった不審なビジネスを持ちかけるアカウントが登場し、新しくTwitterを始めた人を狙って声をかけてくることがあります。これらはすべて詐欺なので、反応しないようにしましょう。迷惑なユーザーへの対処法はSec.64で詳しく解説しています。

Section 04 フォロー、フォロワーとは?

「フォロー」とは、あるアカウントのつぶやきを読める状態にすることです。「フォロワー」とは、自分をフォローしているアカウントのことです。どちらも、Twitterでもっとも基本的な用語なので、覚えておきましょう。

☑ フォローの流れ

●フォロー

いい天気だな〜

自分 → Aさん

Aさんをフォローすると、以後、Aさんが投稿したツイートが自分のタイムラインに表示されるようになります。

●フォロワー

今日も1日がんばろう!

自分 ← Aさん

Aさんからフォローされると、自分が投稿したツイートがAさんのタイムラインに表示されるようになります。このとき、Aさんのことをフォロワー(フォローしている人)と呼びます。

Memo まずは気軽にツイートする

有名人のアカウントや、有益な情報をたくさんつぶやくアカウントは、多くの人が「この人のツイートを読みたい」と思ってフォローするため、たくさんのフォロワーを持ちます。せっかくTwitterを始めるのですから、たくさんのツイートを多くの人に読んでほしいところですが、始めてすぐにたくさんのアカウントにフォローしてもらうのは難しいことです。最初はあまりフォロワー数を気にせず、好きなことを気軽にツイートしてみましょう。

孫正義 ✓
@masason

孫正義です。Twitterで多くの皆さんと時空を超えて、心の繋がりが広がっていく事に感動しています。世界が平和でより多くの人々が、幸福になれる事を心から願っています。

🔗 softbank.co.jp
📅 2009年12月からTwitterを利用しています

78 フォロー　280万 フォロワー

フォローしている人にフォローはいません

ツイート　ツイートと返信　メディア　いいね

孫正義 @masason・16時間
春は必ずやって来る

☑ フォローしたいアカウントの探し方

Twitterでは、さまざまな方法でほかのアカウントを探すことができます。Twitterのおすすめするアカウントを芋づる式にフォローしていったり、趣味や興味の合うアカウントを検索して探したり、外部サイトを通じてより詳細な条件からフォローしたりすることが可能です。

●おすすめアカウントから探す

アカウントをフォローすると、そのアカウントと関連するアカウントが「おすすめアカウント」として表示されます（Sec.30参照）。

●つぶやきの内容から探す

「Twitter検索」を利用すると、自分の趣味や興味のあるキーワードでつぶやいているほかのアカウントを探すことができます（Sec.31参照）。

●より詳細な検索から探す

Twitter公式ナビゲーションサービス「ツイナビ」を利用すれば、botや特定のワードを除外して検索するなど、より細かい検索を行うことができます（Sec.33参照）。

Section
05 Androidスマホで Twitterをはじめよう

AndroidスマホでTwitterを利用するには、Playストアからアプリをインストールし、スマホの電話番号またはメールアドレスを使ってアカウントを登録します。ここでは、電話番号を使って登録する方法を解説します。

☑ Androidスマホにアプリをインストールする

① ホーム画面またはアプリケーション画面から、<Playストア>をタップして起動します。

② Playストアが起動したら、<アプリやゲームを検索>をタップします。

③ 「twitter」と入力して、キーボードの🔍をタップして検索します。

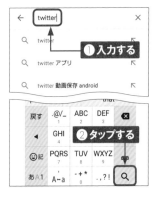

Memo インストールにはGoogleアカウントが必要

Androidスマホにアプリをインストールするためには、Googleアカウントの取得が必要です。「設定」アプリの<ユーザーとアカウント>から取得することができるので、あらかじめ行っておきましょう。

④ 検索結果が表示されたら、＜インストール＞をタップします。

⑤ アプリのインストールが始まります。

Memo 支払いオプションの追加

Googleアカウントに支払い方法を追加していない場合は、手順⑤の操作後に、「アカウント設定の完了」画面が表示されます。Twitterは無料アプリなので、＜スキップ＞をタップすると、支払い方法を登録しなくてもアプリをインストールできます。

⑥ インストールが完了したら＜開く＞をタップするか、ホーム画面またはアプリケーション画面に追加されたアイコンをタップすると、アプリを起動できます。

Memo Twitterアプリをアップデートする

Twitterアプリのバグの修正や機能の追加などが行われると、Playストアからアップデートすることができます。「Playストア」アプリを起動したら、画面左端から右方向にスライドしてメニューを表示し、＜アプリ&ゲーム＞→＜アップデート＞の順にタップして「Twitter」の＜更新＞をタップします。

☑ Androidスマホでアカウントを登録する

1 P.16～17を参考に「Twitter」アプリのインストールが完了したら、ホーム画面またはアプリケーション画面の、<Twitter>をタップして起動します。

2 アプリが起動したら、<アカウントを作成>をタップします。

3 「名前」「電話番号」を入力して、<次へ>をタップします（メールアドレスの登録についてはP.19のMemoを参照）。

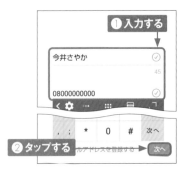

4 生年月日を入力して、<次へ>をタップします。

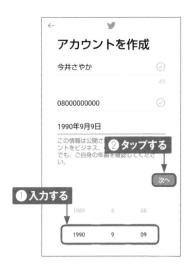

5 環境をカスタマイズするかどうかについての確認画面が表示されたら<次へ>をタップします。

6 電話番号の確認画面で<OK>をタップすると、入力した電話番号宛てに認証コードが記載されたショートメールが送信されます。

8 6文字以上の英数字を組み合わせたパスワードを入力して、<次へ>をタップします。

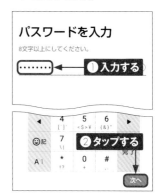

7 ショートメールに記載された6桁の数字を入力して<次へ>をタップします。

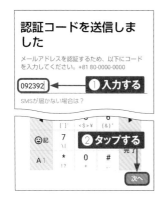

9 <今はしない>を3回タップすると、下の画面が表示されます。必要に応じて<フォローする>をタップしてフォローし、<次へ>をタップするとTwitterのホーム画面が表示されます。

Memo メールアドレスでの登録について

P.18手順③で<かわりにメールアドレスを登録する>をタップすると、電話番号ではなくメールアドレスで登録することができます。しかし、現在はセキュリティ強化のために、メールアドレスで登録しても電話番号の認証が求められることがあります。そのため、はじめから電話番号で登録することがおすすめです。なお、電話番号には携帯電話以外にも、固定電話、IP電話の番号が使用できます。

Section

06 iPhoneでTwitterをはじめよう

iPhoneでTwitterを利用するには、App Storeからアプリをインストールし、スマホの電話番号またはメールアドレスを使ってアカウントを登録します。ここでは、電話番号を使って登録する方法を解説します。

☑ iPhoneにアプリをインストールする

(1) ホーム画面の<App Store>をタップして起動します。

(2) App Storeが起動したら、画面下部の<検索>をタップします。

(3) 画面上部の検索欄をタップします。

(4) 入力欄に「Twitter」と入力して、キーボードの<検索>をタップします。

⑤ 「Twitter」アプリの詳細が表示されたら内容を確認し、<入手>をタップします。

⑥ 画面下部に確認画面が表示されたら、<インストール>をタップします。

⑦ アプリのインストールが始まります。

⑧ インストールが完了したら<開く>をタップするか、ホーム画面に追加されたアイコンをタップすると、アプリを起動できます。

Memo Twitterアプリをアップデートする

iPhoneのTwitterアプリでアップデートが行われると、App Storeから更新できます。「App Store」アプリを起動したら、画面右上のアイコンをタップしてメニューを表示し「Twitter」の<アップデート>をタップしましょう。

☑ iPhoneでアカウントを登録する

(1) P.20〜21を参考に「Twitter」アプリのインストールが完了したら、ホーム画面に追加された＜Twitter＞をタップします。

(2) アプリが起動したら、＜アカウントを作成＞をタップします。

(3) 「名前」「電話番号」を入力して、＜次へ＞をタップします（メールアドレスでの登録についてはP.23のMemoを参照）。

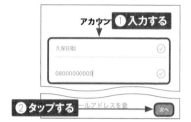

(4) 生年月日を入力して、＜次へ＞をタップします。

(5) 環境をカスタマイズするかどうかについての確認画面が表示されたら＜次へ＞をタップします。

⑥ 電話番号の確認画面で<OK>をタップすると、入力した電話番号宛てに認証コードが記載されたショートメールが送信されます。

⑦ ショートメールに記載された6桁の数字を入力して、<次へ>をタップします。

⑧ 6文字以上の英数字を組み合わせたパスワードを入力して、<次へ>をタップします。

⑨ <今はしない>を3回タップすると、下の画面が表示されます。必要に応じて<フォローする>をタップしてフォローし、<次へ>をタップするとTwitterのホーム画面が表示されます。

Memo メールアドレスでの登録について

P.22手順③で<かわりにメールアドレスを登録する>をタップすると、電話番号ではなくメールアドレスで登録することができます。しかし、現在はセキュリティ強化のために、メールアドレスで登録しても電話番号の認証が求められることがあります。そのため、はじめから電話番号で登録することがおすすめです。なお、電話番号には携帯電話以外にも、固定電話、IP電話の番号が使用できます。

Section

07 Twitterの画面の 見方を知ろう

「Twitter」アプリのインストールとアカウントの設定が完了したら、各画面の見方を覚えましょう。ここでは、基本的な画面構成と各種メニューの名称と機能を解説していきます。

☑ ホーム画面の各部名称

タイムラインが表示されるホーム画面は、Twitterの基本となる画面です。ほかの画面に移りたいときは、画面下部のメニューバーのアイコンをタップします。

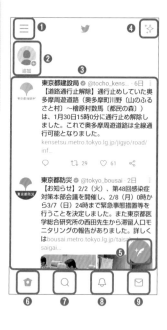

名称	機能
❶メニュー（アカウント）	プロフィールの編集や設定の変更、リストの表示などができます。
❷Fleet	テキスト・画像・動画の形式で共有できる「Fleet」というショートムービーを投稿できます。
❸タイムライン	自分やフォローしたユーザーのツイートが表示されます。
❹Sparkle	タイムライン表示の順番を切り替えたり、検索やセキュリティの設定を変更したりすることができます。
❺ツイート入力	ツイート入力画面が表示され、ツイートを投稿できます。画像や動画、位置情報を添付することもできます。
❻ホーム画面に戻る	ほかの画面を表示中にタップすると、ホーム画面に戻ります。
❼検索	入力したキーワードに関連したツイートや画像、動画などを検索できます。
❽通知	いいね、リツイート、リプライ（@ツイート）、フォローなどを行ってきたアカウントを通知します。
❾メッセージ	ダイレクトメッセージ（Sec.20参照）を作成・閲覧できます。

☑ ホーム画面以外の見方

●検索

ホーム画面で○をタップすると表示される画面です。キーワードを入力して関連したツイートを表示できるほか、Twitter上で話題になっている（多くつぶやかれている）トピックの一覧を確認することができます。

●通知

ホーム画面で♀をタップすると表示される画面です。自分のツイートを「いいね」したアカウントを確認したり、関連性の高いアカウントの動向が表示されたりします。

●メッセージ

ホーム画面で✉をタップすると表示される画面です。相手のアカウントに直接メッセージを送ることができます。ただし、アカウントによってはメッセージを受け付けない設定になっている場合もあります。

Section 08 タイムラインを使いこなそう

タイムラインとは、自分が投稿したツイートとフォローしたユーザーのツイートが表示される場所です。情報の発信や収集、ほかのユーザーとの交流も、主にこのタイムラインで行うことができます。

第1章 Twitterをはじめよう

☑ タイムラインとは

タイムラインにはTwitterでフォローしているアカウントのツイートが表示され、上方向へ画面をスライドしていくことで読み進めることができます。また、ツイートの返信やリツイート、いいねをすることもタイムラインから行うことができます。

タイムラインには、フォローしているアカウントだけでなく、プロモーション用のツイートや、多くの人が「いいね」をしているツイートなど、自分がフォローしていないアカウントのツイートが表示されることもあります。

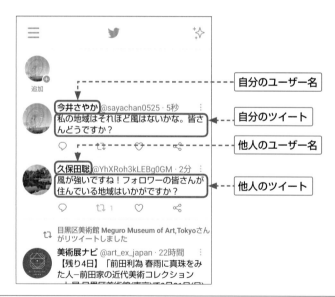

自分と他人のツイートを見分けるには、ユーザー名を確認します（Sec.10）。
Twitterを始める際に設定したユーザー名の下に、自分のツイートが表示されます。

☑ タイムラインの表示を切り替える

タイムラインは、重要であると判断されたツイートが先頭に表示されます。この仕様によって重要なツイートを見逃ししにくくなります。ホーム画面右上の「Sparkle」をタップすると、時系列順の表示に変更することができます。ただし、一定期間Twitterを利用しないとまたもとの仕様に戻ります。

---

(1) ホーム画面を表示し、右上にある ✧ をタップします。

(2) <最新ツイートに切り替え>（iPhoneの場合は<最新ツイート表示に切り替える>をタップします。

(3) ツイートが新着順に表示されます。もとの表示に戻したい場合は ✧ をタップし、<ホームに戻る>（iPhoneの場合は<「ホーム」表示に戻す>）をタップします。

Memo 関連性の薄いツイートの表示回数を減らす

タイムラインには、広告ツイートや直接フォローしていないアカウントのツイートが表示されることもあります。 ： をタップして<この広告に興味がない>をタップすると消去することができます。

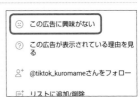

Section

09 フォローしてみよう

ほかのアカウントをフォローしていないと、タイムラインには何も表示されません。ア
カウントをタップして、<フォローする>をタップするだけなので、まずは気軽に気に
なるアカウントをフォローしてみましょう。

第1章 Twitterをはじめよう

✓ ほかのアカウントをフォローする

(1) タイムラインのリツイート（Sec.18 参照）やツイート検索（Sec.41 参照）から、フォローしたいアカウントのツイートをタップします。

(2) ツイートの詳細が表示されたら、ユーザー名をタップします。

(3) 相手ユーザーのプロフィールとツイートが表示されます。<フォローする>をタップします。

(4) フォローが完了すると、「フォロー中」と表示されます。

Section

10 ユーザー名を設定しよう

ユーザー名とは、アカウントを識別するための英数字のことで、タイムライン上では「@ ～」と表示されます。Twitterにログインするときやアカウントの検索などで使われるため、わかりやすいユーザー名に設定しましょう。

☑ ユーザー名を設定する

(1) 画面左上の ≡ をタップします。

(2) <設定とプライバシー>をタップします。

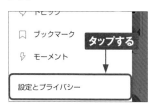

(3) <アカウント>をタップします。

(4) <ユーザー名>をタップします。

(5) 「新しいユーザー」の入力欄に変更したいユーザー名を入力し、<完了>をタップすると、ユーザー名が変更されます。

Section

11 プロフィールを 登録しよう

Twitterでは、アイコン画面や自己紹介などのプロフィール情報を登録できます。
プロフィールは、ほかのユーザーに自分のことを知ってもらい、フォロワーを増やす
ためにも重要です。

☑ プロフィールを登録する

(1) 画面左上の三をタップします。

(2) メニューから、<プロフィール>を
タップします。

(3) 自分のプロフィール画面が表示されたら、<プロフィールを入力>を
タップします。

(4) 「プロフィール画像を選ぶ」画面
が表示されます。<アップロード>
（iPhoneの場合は<画像をアップロード>）をタップします。

(5) すでに保存してある画像を設定したい場合は、<フォルダから画像を選択>（iPhoneの場合は<ライブラリから選択>）をタップし、写真へのアクセス許可が求められたら、<許可>（iPhoneの場合は<OK>）をタップします。

(6) 画像の保存先を選択し、プロフィール画像に設定したい画像をタップします。

(7) ドラッグ操作やピンチ操作で画像の位置やサイズを調整し、<適用する>（iPhoneの場合は<選択>）をタップします。

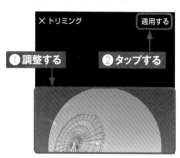

(8) ファイルへのアクセス許可の確認画面が表示されたら<許可>をタップします。

(9) プロフィール画像が適用されます。<次へ>をタップします。

31

(10) 「ヘッダーを選択」画面が表示されたら、<アップロード>をタップします。

(11) すでに保存してある画像を設定したい場合は、<フォルダから画像を選択>(iPhoneの場合は<ライブラリから選択>)をタップします。

(12) 画像の保存先を選択し、ヘッダー画像に設定したい画像をタップします。

(13) ドラッグ操作やピンチ操作で画像の位置やサイズを調整し、<適用する>(iPhoneの場合は<選択>)をタップします。

(14) ヘッダー画像が適用されます。<次へ>をタップします。

Memo プロフィール画像とヘッダー画像のサイズ

Twitterのプロフィール画像のサイズは、400×400px、ヘッダー画像は1500×500pxが推奨されています。

32

(15) 自己紹介を入力する場合は、<自己紹介>をタップして自己紹介文を入力します。

(16) 位置情報を入力します。

(17) 自分のホームページなどがある場合は、URLを入力して<保存>をタップします。

(18) プロフィール画面が表示され、登録したプロフィールが適用されていることを確認します。

Section

12 Twitterでよく使われる言葉を知ろう

Twitterには、さまざまな独自の用語があります。字面だけで内容を判断するのが難しいものがほとんどなので、よく使われるものをまとめました。一通り確認しておきましょう。

☑ Twitter基本用語集

用語名	意味
アカウント	Twitterにログインする権利のことです。単にユーザーを指すこともあります。
ツイート	Twitterに投稿する140文字以内のメッセージのことで、「つぶやき」とも呼ばれます。
いいね	ツイートに対する好意的な反応のことです。あとで読み返すための機能としても使えます。
フォロー	ほかのユーザーのツイートを自分のタイムラインに表示することができます。
フォロワー	自分のことをフォローしているユーザーのことです。
タイムライン（TL）	ツイートが表示されるエリアです。自分のつぶやきとフォローした人のツイートが表示されます。
リツイート（RT）	ほかのユーザーのツイートをそのまま引用してツイートする機能のことです。引用したツイートにコメントを付けて投稿することもできます。
ハッシュタグ	「#」マークを付けたキーワードのことです。流行のトピックに関連するツイートにハッシュタグを付けると、多くの人に見てもらえます。
リプライ	ツイートへの返信のことです。リプライのツイートには「@ユーザー名」が冒頭に表示されます。
ダイレクトメッセージ（DM）	ユーザーどうしのみでやりとりできるメッセージです。リプライとは違い、第三者に公開されません。
トレンド	Twitter上で流行している話題のことで、ツイートされている回数などを基にランキング形式で公開されています。
bot	自動でツイートを行うプログラムのことです。定期的にツイートしたり、特定のキーワードに反応してリプライしたり、リプライに反応したりする種類のbotがあります。

第2章

ツイートで伝えよう

Section

13 ツイートの種類を知ろう

Twitterは、文章だけでなく画像や動画、URLなどを添付してツイートすることができます。そのほかにも、別アカウントへのリプライ（返信）やリツイート（RT）など、ほかの人のツイートに反応する形でツイートを行うこともできます。

☑ 基本のツイート

● 文章だけの投稿ツイート

140字以内で文章を投稿します。「いま自分が何をしているのか」をツイートすることが一般的な使い方です（Sec.14参照）。

● 写真や動画、URLを添付したツイート

文章に加えて、写真や140秒以内の動画、WebサイトのURLを添付してツイートすることもできます（Sec.15 〜 16参照）。

Memo ツイートを使い分ける

フォロワー全体に向けてツイートする場合は基本のツイート、特定の誰かに向けてツイートする場合はリプライ、よりプライベートな連絡はダイレクトメッセージ（DM）というように、用途に応じてこれらのツイートを使い分けることが、Twitterのコツです。

☑ さまざまなツイートのパターン

●リプライ

リプライとは、ほかの人が投稿したツイートに対する返信機能のことです（Sec.17参照）。通常のツイートと異なり、文章の先頭に返信先のアカウント名が表示されます。フォロー／フォロワーの関係でなくともリプライをすることは可能ですが、例外もあります（Sec.26参照）。

●アンケート

アンケートを募る機能です。2〜4つの選択肢をツイートに表示でき、そのアンケートをタイムラインで見かけたユーザーは気軽に投票することができます（Sec.19参照）。

●リツイート（RT）

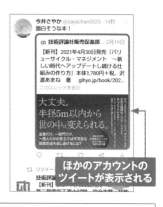

有益だったり面白かったりするツイートを、自分のフォロワーのタイムラインに表示させる機能です（Sec.18参照）。通常のツイートと異なり、自分のアカウント名で他人のツイートを表示できます。そのまま転載するだけでなく、自分のツイートを加えてRTする「引用RT」という使い方もできます。

●ダイレクトメッセージ（DM）

ほかのユーザーに知られることなく、特定の相手にメッセージを送ることができます（Sec.20参照）。

Section

14 ツイートしてみよう

つぶやきの種類を押さえたところで、さっそく実際につぶやいてみましょう。画面右下のアイコンをタップすると、ツイートを入力する欄が表示されます。難しいことは考えず、いまの気分や気になるトピックなどについてつぶやいてみましょう。

☑ ツイートを投稿する

① 画面右下に表示されている ◢ をタップします。

タップする

② 「いまどうしてる?」という入力欄が表示されます。

表示された

Memo 何をツイートするか迷う場合は?

「#twitterはじめました」というハッシュタグをツイートすると、フォローしてもらえることがよくあります。フォローしてくれたアカウントに挨拶のリプライなどをしてみると、そこから交流が生まれるかもしれません。

Memo 自分のいる場所を付けてツイートする

手順②の画面で ◉ をタップし、位置情報の確認画面で<有効にする>→<OK>→<アプリの使用中のみ許可>(iPhoneの場合は<OK>→<Appの使用中は許可>)の順にタップすると、自分のいる現在地に近いスポットが一覧で表示されます。任意のスポットをタップすると、ツイートに位置情報を付けてつぶやくことができます。

③ ツイートを入力して＜ツイートする＞をタップします。

④ タイムライン上にツイートが投稿されます。投稿したツイートをタップしてみましょう。

⑤ ツイートの詳細が表示されます。←（iPhoneの場合は＜）をタップすると、タイムラインに戻ります。

Memo 文字数の上限は140文字

1回の投稿で入力できる文字数は140文字です。入力可能な文字数は、入力欄右下にある円グラフの形をしたアイコンで表示されます。文字を入力するたびにグラフのラインが青くなり、残りの文字数が10文字以下になると円グラフの中心でカウントが始まります。なお、写真・動画・引用ツイートなどは文字制限には含まれません。

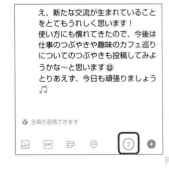

Section

15 写真付きで ツイートしてみよう

Twitterは、スマホで撮影した写真を添付してツイートすることができます。また、ほかの人がツイートした写真もタイムラインで閲覧できるほか、保存することも可能です。

☑ 写真を投稿する

（1） 画面右下に表示されている◎をタップします。

（2） 入力欄が表示されたら、⊠をタップします。

（3） スマホに保存している写真や動画が表示されたら、投稿したい写真をタップします。iPhoneの場合は続けて＜追加する＞をタップします。

Memo その場で 撮影する

手順③の画面で＜画像＞をタップすると、カメラアプリに切り替わります。写真を撮影すると、入力欄に撮影した写真が添付されます。

第2章 ツイートで伝えよう

(4) 選択した写真が入力欄に添付されます。

(5) 必要に応じて入力欄にツイートの内容を入力し、<ツイートする>をタップすると、タイムラインへの投稿が完了します。

☑ ツイートされた写真を保存する

(1) 写真付きのツイートに表示されている写真をタップします。

(2) 写真が拡大表示されます。保存したい場合は■→<保存>（iPhoneの場合は⋯→<写真を保存>）の順にタップします。

16 気になるニュースを ツイートして広めよう

Webサイト上の気になるニュースなども、Twitterで広めることができます。Twitter
アプリを起動しなくても、Webブラウザの共有機能を使うことでかんたんにツイート
が可能です。

☑ URLを付けてツイートする

(1) Webブラウザ（ここでは「Chrome」）
で気になるニュースを見つけたら、
⋮をタップします。

(2) ＜共有＞をタップします。

(3) アプリの一覧から、＜ツイート＞を
タップします。

(4) Twitterが起動し、入力欄にURL
とWebページのサムネイルが添
付されます。

(5) 必要に応じて入力欄にツイートの内容を入力し、<ツイートする>をタップします。

(6) タイムラインにニュースのリンクが添付されたツイートが投稿されます。リンク付きのツイートに添付されている、サムネイルをタップします。

(7) ニュースの詳細が表示されます。×をタップすると、Twitter画面に戻ります。

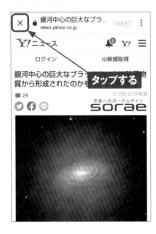

Memo iPhone版の場合

iPhoneの場合は、「Safari」でニュースのWebページを表示し、画面下部の⬆をタップします。左右にスライドして、<Twitter>をタップすると、入力欄にリンクが添付されます。なお、「Twitter」が表示されない場合は、<その他>をタップし、Twitterのアクティビティを有効にしておきましょう。

Section

17 リプライを送って 交流しよう

Twitterには、ほかのユーザーのつぶやきに返信することができる「リプライ」という機能があります。リプライは通常のツイートとは異なり、文章の先頭に返信先のユーザー名が表示されます。

☑ ツイートにリプライする

(1) タイムラインを表示して、リプライしたいツイートをタップします。

(2) ツイートの詳細が表示されたら、<返信をツイート>をタップします。

(3) リプライの入力画面が表示されます。ツイート欄上部に青文字で「返信先：@相手のユーザー名」が表示されていることを確認します。

(4) リプライの文章を入力したら、<返信>をタップします。

⑤ リプライが表示されます。←をタップしてタイムラインに戻りましょう。

⑥ リプライが完了すると、返信先のアイコンと自分のアイコンがつながった状態で表示されます。

⑦ リプライのやり取りが続くと、連なって表示されます。

Memo リプライができない場合もある

設定によって、自分のツイートにリプライできるアカウントを制限しているユーザーもいます。たとえば「フォローしているアカウント」という設定の場合、そのユーザーからフォローされていないとリプライを送ることができません（Sec.26参照）。

18 おもしろいツイートをリツイートしよう

あるツイートをフォロワーのタイムラインに表示させる機能を、リツイート（RT）といいます。おもしろかったり有用だったりと、「自分のフォロワーにも知らせたい」と思うツイートを目にしたら、積極的にリツイートして拡散しましょう。

☑ ほかの人のツイートをリツイートする

① ホーム画面を表示し、タイムラインでリツイートしたいツイートの ↺ をタップします。

② 確認画面が表示されたら、＜リツイート＞をタップします。

③ リツイートが完了すると、フォロワーのタイムラインにリツイートが表示され、アイコンが ↺ から ↺ に変わります。

Memo リツイートを取り消す

リツイートしたツイートは、↺ →＜リツイートを取り消す＞の順にタップすると、取り消すことができます。

☑ コメントを付けてリツイートする

① タイムラインでコメントを付けてリツイートしたいツイートの🔁をタップします。

タップする

② 確認画面が表示されたら、<引用ツイート>をタップします。

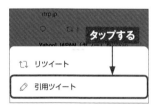

タップする

🔁 リツイート

✎ 引用ツイート

③ 引用したツイートが入力欄に添付されたら、コメントを入力し、<リツイート>をタップします。

② タップする → リツイート

都内は素敵なカフェが多いですしね😊

久保田聡 @YhXRoh3kLE... · 57秒
カフェでゆっくり過ごしたいな〜
rtrp.jp/locations/229/...

① 入力する

④ タイムラインに、コメント付きのリツイートが表示されます。アイコンは変化しません。

投稿された

Memo 記事を読んでから リツイートする

近年、リツイートを多く獲得することを目的とした、煽情的な見出しのWebニュースが増えています。そのため、内容が虚偽であっても、見出しを読んだだけでついリツイートしてしまいがちです。そのような事態を避けるために、リツイート前には<まず記事を読んでみませんか?>をタップし、内容を確認するようにしましょう。

まず記事を読んでみません か?

Twitterで開いていない記事を共有しようとしています。
詳細はこちら

Section

19 アンケート機能を 使ってみよう

Twitterには、4つまでの選択肢を表示してアンケートを取ることのできる機能があります。アンケートは通常のツイートと同様にフォロワーのタイムライン上に表示され、あらかじめ設定した回答期間に達すると自動で集計が行われます。

☑ アンケートをツイートする

① 画面右下に表示されている ✎ をタップします。

② 入力欄が表示されたら、☰ をタップします。

③ <質問する>をタップしてアンケートの内容を入力し、<回答1><回答2>に選択肢の内容を入力します。

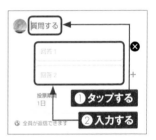

Memo　選択肢を追加する

選択肢を追加したい場合は、+ をタップします。選択肢は、4つまで表示させることができます。

④ <投票期間>をタップします。

⑤ 回答期間を設定して、<設定>をタップします。

⑥ <ツイートする>をタップすると、アンケートがツイートされます。

Memo 投票推移を確認する

アンケートの推移は、回答期間中にも確認することができます。棒グラフとパーセンテージで示され、全体の得票数は画面下部に表示されます。

Section
20

ほかの人に メッセージを送ろう

ダイレクトメッセージ（DM）は、特定のユーザーにメッセージを送信する機能です。リプライとは異なり、タイムラインには内容が表示されないほか、字数制限もないので、プライベートな話題などに利用するとよいでしょう。

✓ ダイレクトメッセージを送る

① メニューバーの☐をタップします。

② ☐をタップします。

③ 検索欄をタップします。

Memo ダイレクトメッセージの特徴と注意点

ダイレクトメッセージは、送った相手と自分しか見ることができない非公開のメッセージなので、他人に見られたくない場合などに最適です。基本的には相互フォローしているユーザーどうしでのやりとりとなりますが、設定を変更すれば、相互フォローしているユーザー以外からのダイレクトメッセージも受信できます（Sec.69参照）。

④ ダイレクトメッセージを送りたい名前またはユーザー名を入力し、検索結果が表示されたら、ユーザー名をタップします。

⑤ ユーザー名が表示されていることを確認したら、<次へ>をタップします。

⑥ 入力欄をタップします。

⑦ 入力欄にメッセージを入力し、▷ をタップします。

⑧ メッセージが送信され、送信したダイレクトメッセージが表示されます。← をタップすると、「メッセージ」画面に戻ります。

Memo グループダイレクトメッセージ

1対1のやりとりだけではなく、グループで会話を楽しむ「グループダイレクトメッセージ」も利用できます。手順④の画面で1人目のユーザーを選択したあとに、1人目と同様の操作でほかのユーザーを選択すれば、複数のユーザーとメッセージをやりとりできます。

Section

21 ツイートをスレッドで まとめよう

1つのツイートだけでは文字数が足りないケースがあります。そのようなときはスレッド形式で連続ツイートすると、上限を気にせず長文をツイートできます。スレッド形式のツイートは、線で結ばれて表示されます。

☑ スレッドを作成する

(1) P.38手順①〜②を参考にツイート入力欄にツイートの内容を入力し、画面右下の⊕をタップします。

(2) 最初のツイートの下部に、新しいツイート入力欄が表示されます。

(3) 手順①で入力したツイートの続きとなる内容を入力し、＜すべてツイート＞をタップします。

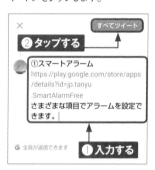

(4) タイムラインに、複数のツイートがスレッドとして投稿されます。＜このスレッドを表示＞をタップします。

⑤ スレッドが表示されます。上方向にドラッグすると、まとめられたツイートを順番に読むことができます。

⑥ スレッドに新しいツイートを追加したい場合は、タイムラインやプロフィール画面にあるスレッド形式のツイートをタップします。

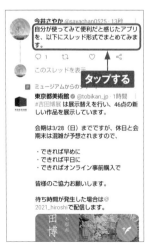

⑦ スレッドが表示されたら、<別のツイートを追加>をタップします。

⑧ 最後のスレッドのツイートの下部に入力欄が表示されるので、追加したいツイートの内容を入力し、<ツイートする>をタップします。

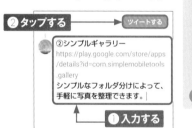

⑨ スレッドに新しいツイートが追加されて、タイムラインに表示されます。

Section

22 「いいね」や「リプライ」を確認しよう

自分宛てに「いいね」やリプライなどのツイートが届くと、メニューバーの通知アイコンに新着通知の件数が表示されます。ほかにもフォロー増加やお気に入りなどの通知も確認できます。ここでは、自分宛てのツイートを確認する方法を解説します。

☑ 通知の内容を表示する

① 通知が届いたら、🔔をタップします。

② 通知の一覧が表示されます。未読の通知は青色で表示されます。確認したい通知をタップします。

③ 相手がリプライをした時刻と端末の情報を確認することができます。

Memo リプライだけを表示する

通知の一覧には、リプライ以外にもさまざまな内容の通知が表示されます。そのうち、手順②の画面で<@ツイート>をタップすると、リプライの通知だけを絞り込めるので、返信したい際などにすばやく対応できます。

Section

23 ツイートを削除しよう

自分のツイートは削除することができます。ツイートを削除すると、それまで付いていた「いいね」やリツイートもリセットされ、元には戻せません。フォロワーのタイムラインから削除されるのは、フォロワーがタイムラインを更新したタイミングです。

☑ ツイートを削除する

① タイムラインやプロフィール画面から削除したいツイートを表示し、右側に表示されている : をタップします。

② ＜ツイートを削除＞をタップします。

③ ＜はい＞（iPhoneの場合は＜削除＞）をタップすると、ツイートが削除されます。

第2章　ツイートで伝えよう

Memo リツイートされたツイートを削除すると?

リツイートされたツイートを削除すると、フォロワーのタイムラインからもツイートが削除されます。

24 ツイートをプロフィールに固定しよう

特定のツイートをいちばん上に表示し続けたい場合は、ツイートをプロフィールに固定しましょう。プロフィールを補足する内容のツイートを固定しておくことで、自分がどんなアカウントなのか、より深く知ってもらえるようになります。

☑ ツイートを固定する

① タイムラインを表示して、プロフィールに固定したい自分のツイートをタップします。

② ツイートが表示されたら、 ⋮ をタップします。

③ <プロフィールに固定表示する>をタップします。

④ 確認画面が表示されたら<固定する>をタップします。

⑤ ツイートが固定されます。

第2章　ツイートで伝えよう

Section

25 ツイートを分析しよう

Twitterでは、自分のツイートがどれくらいのユーザーに見られているか、あるいはどれくらい反応したか、といったデータ（アクティビティ）を確認することができます。よく読まれているツイートの傾向を分析するときなどに役立てることができます。

☑ ツイートアクティビティを確認する

① タイムラインに表示されている自分のツイートをタップします。

② ＜ツイートアクティビティを表示＞をタップします。

③ 自分のツイートに対するアクティビティが表示されます。より詳細な情報が知りたい場合は＜すべてのエンゲージメントを表示＞をタップします。

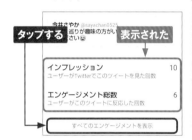

④ ユーザーがこのツイートを詳細表示した回数が表示されます。

Section

26 ツイートに返信できる人を制限しよう

ツイートに返信できるアカウントをあらかじめ制限することで、見知らぬ人からの望まないリプライを防止することができます。最初から知り合いとの交流のみを目的としている場合は、この機能を利用してみるとよいでしょう。

☑ フォローしているアカウントのみ許可する

(1) 画面右下に表示されている 🖊 をタップします。

(2) 入力欄が表示されたらツイートを入力し、＜全員が返信できます＞をタップします。

(3) ＜フォローしているアカウント＞をタップします。

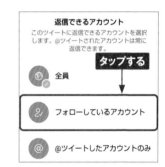

(4) ＜ツイートする＞をタップすると、フォローしているアカウントのみが返信できるツイートが投稿されます。

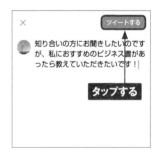

☑ 自分がリプライしたアカウントのみ許可する

(1) P.58手順③の画面で、<@ツイートしたアカウントのみ>をタップします。

(2) 入力欄で「@」と入力し、リプライしたい相手を選んでタップします。

(3) <ツイートする>をタップすると、手順②で選択した相手だけが返信できるツイートが投稿されます。

Memo すべての返信を制限する

誰からの返信も受け取りたくないときは、手順②の画面で「@」と入力せず、そのままツイート内容を入力して<ツイートする>をタップします。リプライしたい相手が1人もいないとみなされ、自分以外は返信できないようになります。

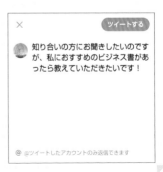

第2章 ツイートで伝えよう

Section

27

「フリート」機能を 使ってみよう

フリート（Fleet）はフォローやフォロワーに関係なく、テキストや画像、動画を投稿して共有できる機能です。投稿してから24時間が経過すると自動的に消えるため、ツイートよりもさらに気軽に発信できます。

✓ フリートを投稿する

① ホーム画面左上に表示されている自分のアイコンをタップします。

② 共有したい画像をタップして選択します。

③ 画像をタップします。

④ フリートを入力して、＜完了＞をタップします。

⑤ ＜Fleet＞をタップします。

Memo テキストだけの 共有も可能

手順②の画面で＜テキスト＞をタップすると、テキストだけを共有することができます。

☑ フリートに反応する

(1) ホーム画面で、フリートのアイコンをタップします。

(2) フリートが表示されます。＜メッセージを送信＞をタップします。

(3) メッセージを入力して、▷をタップします。

(4) 手順②の画面で☺をタップして任意の絵文字をタップして送信することもできます。

☑ フリートに反応してくれた人を確認する

(1) ホーム画面で、自分のフリートの
アイコンをタップします。

(2) 自分のフリートをタップして確認し
たアカウントが表示されます。

☑ フリートに投稿されたメッセージを確認する

(1) ホーム画面で、✉をタップします。

(2) <あなたのFleetに反応しました>
をタップすると、自分のフリートに
対して投稿されたメッセージや絵
文字を確認することができます。

第 **3** 章

気になる人をフォローして
情報を集めよう

Section

28

Twitterは
フォローすることで楽しくなる

Twitterは、著名人が一般人と同じように日常の出来事をツイートしていたり、企業アカウントが自社製品に関するお得な情報をツイートしていたりします。ここでは、フォローすることでTwitterがより楽しくなるようなアカウントを紹介します。

☑ さまざまなユーザーをフォローしよう

誰をフォローするか迷ったら、まずは著名なアカウントをフォローしてみましょう。多くの人がフォローしている著名なアカウントの一例です。好きな芸能人や店舗、自分が居住している地域の自治体などをフォローすることで、楽しく有用にTwitterを利用することができます。

●著名人

さまざまな著名人が、活動の情報やプライベート情報などをつぶやいています（Sec.33参照）。

●政府・自治体

政府や自治体のアカウントは、広報だけでなく、災害時の重要情報などもつぶやいています（Sec.34参照）。

●企業・店舗

企業や店舗などのアカウントは、キャンペーンや新商品などの情報を発信しています（Sec.32参照）。

●メディア

新聞やテレビなどのアカウントは、災害を含む最新ニュースを毎日発信しています（Sec.34参照）。

☑ 認証済みアカウントとbot

著名人や企業のアカウントには、別人が勝手に名乗っている「なりすまし（偽物）」も多く見られます。著名人や企業をフォローする際には、本物であることを示す「認証済みバッジ」という青いアイコンが付いているかどうかを目印にしましょう。また、自動的にツイートを行う「bot」というプログラムの中には著名人のツイートを行うものもありますが、こちらも本人のアカウントとは無関係です。

●認証済みアカウント

名前の右側に表示されている◎のことを、認証済みバッジといいます。認証済みバッジは、Twitterが厳正な審査の上、本人であることを保証しているアカウントのみに発行されます。

●bot

自動的にツイートするようプログラムされたアカウントを、botと呼びます。歴史上の偉人の名言やニュース、天気、雑学の情報を発信するbotなど、Twitterにはたくさんのbotアカウントが存在します。中には有名人やキャラクターに扮した「なりすまし」のbotが存在しますが、本人のアカウントではないので注意が必要です。

Memo まずは気軽にフォロー

一般人と違い、企業アカウントは誰にフォローされたかをいちいち確認するわけではありません。そのため、フォローもフォロー解除（Sec.36）も気軽に行える点が特徴です。フォローしてみた上で、それぞれのツイートが自分にとって必要な情報かどうか、検討してみるとよいでしょう。

Section

29 企業や有名人はTwitterをこんなふうに利用している

企業や有名人は、1人でも多くの人に認知される必要があるため、フォロワーを楽しませるためにさまざまな工夫をしています。ここでは、実際に企業や有名人がどのようにTwitterを運用しているかを見てみましょう。

☑ 有名企業や有名人のTwitter

最初から一定の知名度を持つ有名企業や有名人にとって、Twitterは、自らの存在を無料で数万単位にアピールできる有用な媒体です。加えて、ツイートを多くのフォロワーにリツイートしてもらえば、認知度をどんどん高めていくことができます。そのために企業や有名人がどのようにTwitterを使っているかを、紹介していきます。

● 「企業らしくない」ツイートで注目を集める

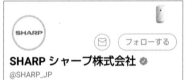

SHARP シャープ株式会社 ✓
@SHARP_JP

シャープ株式会社の公式アカウントです。さまざまな家電から家電とは言い切れない製品まで、あるいは企業の活動、はたまたその他あれこれを発信中。お問い合わせにはお答えできないこともありますが、いただいたリプにはできるだけ反応します。

🔗 corporate.jp.sharp/corporate/soci...
🗓 2011年5月からTwitterを利用しています

1,663 フォロー　**82.4万** フォロワー

無印良品さんにフォローされています

SHARP シャープ株式会社 ✓ ... ・4日 ⋮
「おや」と、兵十はびっくりしてフライデーに目を落としました。

「フライデー、お前だったのか。いつもプレミアムをくれたのは」

フライデーは、ぐったりと目をつぶったまま、うなづきました。

兵十は、火なわじゅうをばたりと取り落としました。青いけむりが、まだつつ口から細く出ていました。

◯ 53　↻ 342　♡ 2,148　⌣

SHARP シャープ株式会社 ✓ ... ・4日 ⋮
この会社の社員でよかったなと感じることはさほどないけど、頭おかしいが褒め言葉になる製品を作る人がいたり、そう声をかけてくれるお客さんを得られたの

企業のアカウントといえば、人間味のあまり感じられない製品紹介や、関連イベントの告知ばかりをツイートする、という印象があるかもしれません。しかし、シャープ株式会社の公式Twitterは、そんな先入観をくつがえす、「企業らしくない」ツイートの数々が注目を集め、多くのフォロワーを獲得しています。そのツイートは思わず笑ってしまうようなユーモラスなものから、流行の時事ネタを取り入れたものまでさまざまで、楽しんでいるうちに企業への好感度も高まっていくしくみになっています。

第3章 気になる人をフォローして情報を集めよう

● かわいいマスコットキャラクターがツイートする

キャラクターをマーケティングに取り入れている企業は数多くあります。Pontaポイントの公式アカウントでは、同社のマスコットキャラクター「ポンタ」がPontaのキャンペーンなどをツイートしているほか、不定期にポンタの日常生活が描かれたイラストが投稿されます。

● 独自性の高い情報をツイートする

有名人・著名人ならではの独自性の高い情報を発信してフォロワーを引き付けるケースもあります。宇宙飛行士の野口聡一さんは、毎日、宇宙船から撮影した4K画質の地球の写真をツイートしたり、宇宙船内で育てているハーブの様子などをツイートしたりしています。

● リツイートしたくなる情報をツイートする

思わずリツイートしたくなる情報を毎日ツイートして、多くのフォロワーを獲得しているアカウントもあります。料理研究家のリュウジさんは、誰でもかんたんに作ることができるおいしい料理のレシピを数多くツイートすることで、多くのユーザーから支持を集めています。

Section

30 「おすすめユーザー」から フォローする人を探そう

Twitterには、自分のフォロー傾向にマッチしたユーザーや、そのユーザーと類似したアカウントを表示する「おすすめユーザー」機能があります。アイコンをタップするだけで、気の合いそうなユーザーをかんたんに探すことができます。

☑ 「おすすめユーザー」から探す

① メニューバーの 🔍 をタップします。

タップする

② 自分のフォロー傾向などにもとづくおすすめユーザーが表示されます。プロフィールを確認してからフォローしたい場合は、気になるユーザーの名前をタップします。

おすすめユーザー

タップする

gihyoDP
@gihyoDP

タップくん
【公式】
WorldMuseum広報担当 ⭐
@worldmuseum...

フォ...する　フォ...する

③ ユーザーのプロフィールとツイートが表示されます。<フォローする>をタップするとフォローできます。

GIHYO
Digital Publishing

タップする → フォローする

gihyoDP
@gihyoDP

Gihyo Digital Publishingの公式Twitterアカウントです。技術評論社の電子出版についての情報をお届けします。電子出版コンテンツのフィードは gihyo.jp/dp/catalogs.op...（試験運用中）

🔗 gihyo.jp/dp
📅 2011年7月からTwitterを利用しています

3 フォロー　2,289 フォロワー

技術評論社販売促進部さんとgihyo.jpさんにフォローされています

Memo フォロー数が少ない場合

おすすめユーザーは、自分のフォロー傾向などにもとづいて表示されます。そのため、フォロー数が少ない場合は、表示されるおすすめユーザーに自分の好みが反映されません。

☑ ユーザーの類似アカウントを探す

(1) タイムラインの、気になるユーザーのプロフィールアイコンをタップします。

(2) ユーザーのプロフィール画面が表示されたら、上方向にスライドします。

(3) 「おすすめユーザー」が表示されるので、<さらに表示>をタップします。

(4) そのユーザーと類似するユーザーの一覧が表示されます。気になるユーザーの右側にある<フォローする>をタップします。

Memo 知り合いを探してフォローする

スマートフォンに保存している連絡先をアップロードすると、連絡先からTwitterを利用している人を表示し、フォローすることができます。画面左上のアイコン→<設定とプライバシー>→<プライバシーとセキュリティ>→<見つけやすさと連絡先>→<アドレス帳の連絡先を同期>の順にタップして、<許可>（iPhoneの場合は<連絡先を同期>）をタップします。

Section

31 | キーワード検索でフォローする人を探そう

Twitterは、興味のあるトピックや趣味に関するキーワードを検索することができます。検索結果には、入力したキーワードを含むツイートのほか、アカウントも表示されるため、気の合いそうなアカウントをかんたんに探すことができます。

☑ キーワードからユーザーを探す

（1）メニューバーの ○ をタップします。

（2）画面上部の検索欄をタップします。

（3）興味のあるキーワードを入力して、キーボードの ○ (iPhoneの場合は<検索>) をタップします。

Memo 候補を活用する

手順③の画面でキーワードを入力すると、検索欄の下部にキーワードの候補が表示されます。入力途中でも、任意の候補をタップすれば、検索キーワードとして使用することができます。

④ キーワードの検索結果が表示されます。ここでは、＜ユーザー＞をタップします。

⑤ キーワードに関連したユーザーが一覧表示されます。プロフィールを確認してからフォローしたい場合は、気になるユーザーの名前をタップします。

⑥ ユーザーのプロフィールとツイートが表示されます。＜フォローする＞をタップすると、ユーザーをフォローできます。

Memo ツイートを対象に検索する

検索結果は、「ユーザー」以外にも「話題のツイート」「最新」「画像」「動画」「ニュース」などを表示することができます。この場合はキーワードを含んだツイートが表示されるので、ツイート内容から気になる人を探せます。

71

Section 32 企業の公式アカウントをフォローしよう

Sec.29で紹介したもの以外にも、多くの企業が公式アカウントを持っています。工夫をこらしたツイートを投稿したり、お得なキャンペーンをつぶやいたりと、ツイートの内容もさまざまです。ここではジャンル別におすすめのアカウントを紹介します。

☑ 飲食・外食

● ケンタッキーフライドチキン

ケンタッキーフライドチキ… ✅ ·4日 ⋮
／
ひなまつりバーレル
販売中🌸
＼
オリジナルチキン9ピースがお祝い価格の【￥1900】🎉✨
さらに今なら、いちごチョコパイとポテトを一緒に買うとおトクに🌸🍠
3月3日(水)までの期間限定なのでお早めに!!
▶lnky.jp/dyeH3Wc
#KFC #ひなまつりバーレル

ケンタッキーフライドチキンのアカウントは、創業者であるカーネル・サンダースの誕生日に3,000円分の商品券が当たるキャンペーンをツイートし、2020年の企業投稿の中で第3位のリツイート数を記録しました。数ある外食チェーンの中でも、とりわけお得なキャンペーンを打ち出しています。

● ハーゲンダッツジャパン

ハーゲンダッツ ✅ @Haa… ·2月22日
好きなものと好きなものがあわさるととってもかわいいですよね✨

猫型に切り抜いた切り絵をパッケージに重ねると、ハーゲンダッツにゃんこが登場🐾🍨

#猫の日
#2枚目はおなじみのフレーバー柄です
🍨
#みなさんはどんな猫さんが好きですか
🐈?

アライドアーキテクツ社の調査によると、Twitterがきっかけで購入した商品ジャンルの中でもっとも多いのが「菓子類」です。製菓ブランドのアカウントとしてもっとも多くのフォロワーを持つハーゲンダッツジャパンは、パッケージの工夫をツイートしたり、映画風の映像で自社商品をPRしたりするなど、視覚的に楽しいツイートで人気を集めています。

☑ 家電・デジタル

● 価格.com

価格.com 公式 ☑ @kakakuc... ・35分 ⋮
【新製品ニュース】
富士フイルムは、8000ルーメンの映像
投写が可能な高輝度タイプの超短焦点プ
ロジェクター「FUJIFILM PROJECTOR
Z8000」を発表。「屈曲型二軸回転機構
レンズ」により、レンズを上・下・前・
後・左・右の向きに切り替えることが可
能とのこと。

家電やデジタルの企業アカウントは数多くありますが、その中からお得な情報をまとめてユーザー目線でツイートしてくれるのが、価格.comの公式アカウントです。新製品や話題製品のニュースやレビュー、製品選びの知識など、役立つ情報を発信しています。

☑ エンタメ

● ディズニー・ジャパン

ディズニー公式 ☑ @disneyjp・2日 ⋮
たくさんの愛あふれるメッセージ
ありがとうございます💙

＼まだまだ募集中❣／
フォロー＆ハッシュタグと一緒に
ミニーの好きなところをツイートすると
豪華ミニーグッズプレゼント🎁

▼ハッシュタグ
#ミニーの日
#ミニーのここが好きキャンペーン

🎁応募締切

ディズニー・ジャパンの公式アカウントです。ディズニー映画や商品の最新情報、キャンペーン情報のほか、ディズニーランドやディズニーシーといったアトラクション施設の情報もリツイートするため、ディズニーの情報をまとめて手に入れることができます。

● スタジオジブリ

スタジオジブリ STUDIO... ☑ ・16時間 ⋮
先週の宮崎さんのひと言。
「アニメーターとは、世界の秘密を知っ
てしまった者。時代の中で一瞬、火花の
ように輝く人たちなんです」

○ 30 ♡ 3,041 ♡ 3.3万 ⋔

スタジオジブリの公式アカウントです。キャンペーンの発信こそあまりないものの、スタジオジブリの制作秘話や宮崎駿監督のちょっとした言動などをツイートすることが多くあり、ファンの心をつかんでいます。

33 有名人のアカウントを フォローしよう

さまざまな業界で活躍する有名人たちも、Twitterを使って情報の発信やファンとの交流を行っています。有名人のアカウントは、Twitterの公式ナビゲーションサービス「ツイナビ」で効率よく探すことができます。

☑ 「ツイナビ」 から有名人を探す

Twitterは一般人だけでなく、多くの有名人も利用しています。ときには新聞やテレビなどのメディアよりもいち早く重要な発表を行ったり、Twitterでしか見ることができないプライベートな情報をつぶやいたりするため、話題を集めています。また、Twitterを活用してファンと積極的に交流する有名人もいます。

特定の有名人のアカウントを探すのは「キーワード検索」機能（Sec.31参照）でも行えますが、おすすめなのはTwitterの公式ナビゲーションサービス「ツイナビ」です。ツイナビでは、カテゴリごとに有名人や話題のTwitterアカウントなどをランキング、新着、五十音順で紹介しています。Twitterと連動し、ツイナビ上から直接アカウントをフォローすることも可能です。

ほかのSNSにも発信チャンネルを持つ有名人は多いですが、Twitterは気軽に投稿しやすいため、比較的投稿頻度が高いのが特徴です。

Memo 「ツイナビ」 とは

「ツイナビ」とは、ツイッターの使い方を紹介しているWebサービスです。使い方以外にも、人気のアカウントや注目のツイートなどを、リアルタイムの情報をもとに掲載しています。

① Webブラウザでツイナビ（https://twinavi.jp/）にアクセスし、画面を上方向にスライドします。

② ＜ツイッター人気アカウント＞をタップします。

③ カテゴリの一覧から、＜有名人・芸能人＞をタップします。

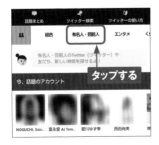

④ ＜フォロワー増加率順＞や＜新着順＞など表示方法をタップし、一覧から確認したい有名人の名前をタップします。

⑤ プロフィールなどを確認し、フォローしたい場合は＜フォローする＞をタップします。

⑥ Twitterアプリに切り替わります。＜フォローする＞をタップすると、アカウントをフォローできます。

Section

34 災害時に役立つアカウントを フォローしよう

災害時に迅速で正確な情報を手に入れる際にも、Twitterは役立ちます。総務省消防庁をはじめ、政府の運用している公式アカウントなどもあるため、万が一の場合に備えてフォローしておくとよいでしょう。

☑ 政府系アカウントをフォローして災害時に備える

災害に備えて日頃から準備や対策をしておくことはとても大切です。近年、緊急時の避難情報など災害情報に対する人々の関心が高まっており、リアルタイムで情報を収集できるTwitterにも、こうした緊急時の情報入手元としての役割が期待されています。政府をはじめとした公共機関は、人々に本当に必要な情報を届けるべくTwitterを活用しており、今やインフラの1つとして重要視しています。

内閣府防災 ✓
@CAO_BOUSAI

内閣府（防災担当）の公式アカウントです。災害関連情報や内閣府（防災担当）が取り組む施策などの発信を主体としています。当ツイッターへのコメントに対しては原則として返信いたしません。緊急通報などは消防119、警察110に連絡するようお願いします。Twitter運用方針はこちら bousai.go.jp/twitterpolicy...

災害時の情報を提供するアカウントは数多くありますが、政府が運営するアカウントのように、信頼できる情報元をフォローしておきましょう。

Memo　災害時におけるTwitterの使い方

災害時には、パニックに乗じた悪質なデマが多く流される傾向にあります。とくに、いわゆる「まとめサイト」と呼ばれるWeb上の話題をまとめたアカウントなどは、情報の真偽に関わらず、話題性を優先してツイートを拡散することもあるので、惑わされてしまいがちです。災害時には必ず、信頼のおける情報源として、認証マーク付きの情報系アカウントを参照するようにしましょう。次ページに災害時に信頼できるアカウントをまとめているので、必要に応じてフォローしてもよいでしょう。

☑ 災害時に役立つおすすめアカウント

● 政府系

アイコン	アカウント名	ユーザー名	説明
FDMA 安心と安全を	総務省消防庁	@FDMA_JAPAN	大規模災害に関する情報や、総務省消防庁からの報道資料などをツイートしています。
	国土交通省	@MLIT_JAPAN	国土交通省の公式アカウントです。国土交通省ホームページの新着情報を中心に、情報をツイートしています。
	内閣府防災	@CAO_BOUSAI	内閣府（防災担当）の公式アカウントです。災害関連情報や内閣府（防災担当）が取り組む施策などの情報を中心にツイートしています。

● 防災・災害情報

アイコン	アカウント名	ユーザー名	説明
tenki.jp	tenki.jp 地震情報	@tenkijp_jishin	日本気象協会「tenki.jp」の公式アカウントです。地震情報を速報でツイートしています。
警視庁	警視庁警備部災害対策課	@MPD_bousai	非常時の対応についてのアドバイスなどをツイートする、警視庁警備部災害対策課の公式アカウントです。
	防災情報・全国避難所ガイド	@hinanjyo_jp	地震情報・噴火警報などの防災情報や、防災情報アプリ「全国避難所ガイド」の更新情報をツイートしています。

第3章 気になる人をフォローして情報を集めよう

Memo　よりローカルな情報を手に入れる

よりローカルな情報を手に入れる方法として、自分の住んでいる市町村名をフォローする方法があります。市町村によっては、河川の氾濫など、その地域に限定した災害情報をツイートするため、上記のアカウント以上に役立つことがあります。

フォローする

杉並区（地震・水防情報等） ✓

@suginami_tokyo

杉並区公式アカウントです。災害時における被災者への支援情報や、その他災害に関連した区の取組などの情報を投稿します。主な発信内容は区民の生命・財産を守る情報です。原則として返信は行いません。イベント情報などに関するアカウントはこちらtwitter.com/suginami_koho

◎ 東京都杉並区　∂ city.suginami.tokyo.jp

Section
35
フォロー状況を
確認してみよう

自分が誰をフォローしているのか、あるいは誰からフォローされているのか、といった情報は、メニューなどから確認できます。フォローとフォロワーの数がわかるだけでなく、フォロー解除を行うこともできます。

☑ フォローしたアカウントを確認する

(1) ホーム画面などで、≡をタップします。

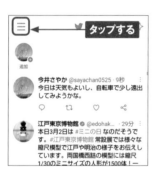

(2) <フォロー>をタップします。

(3) 自分がフォローしたユーザーが一覧で表示されます。ユーザーの名前をタップすると、プロフィール画面が表示されます。

Memo 自分のプロフィール画面から確認する

フォローしたユーザーおよびフォロワーの一覧は、手順②の画面で<プロフィール>をタップすると表示される自分のプロフィール画面から確認することもできます。

☑ フォロワーを確認する

① P.78手順①を参考に、画面左上のアイコンをタップし、<フォロワー>をタップします。

② 自分のフォロワーが一覧で表示されます。気になるフォロワーがいたら、名前をタップします。

③ プロフィール画面が表示されます。興味を持ったら<フォローする>をタップして、フォローを返しましょう。

Memo 通知からフォロワーを確認する

ほかのユーザーが自分をフォローすると、Twitterから通知が届きます。🔔をタップして通知画面を表示し、<○○さんにフォローされました>という通知をタップすると、相手のプロフィール画面が表示されます。プロフィールを確認して、興味を持ったら<フォロー>をタップし、フォローを返しましょう。

Section

36　フォローを解除しよう

「フォローしたけど、このユーザーとは相性が合わない」と感じたら、思い切ってフォローを解除しましょう。フォローと同様に、アイコンをタップするだけでかんたんにフォロー解除を行うことができます。

☑ フォローを解除する

(1) P.78手順①～②を参考に、フォローしたアカウントの一覧を表示します。フォローを解除したいユーザーの右側にある<フォロー中>（iPhoneの場合は<フォロー中>→<フォロー解除>）をタップします。

(2) フォローが解除され、表示が<フォローする>に変わります。

Memo　**フォローしているユーザーが増えすぎたら？**

フォローしているユーザーが増えてくると、タイムラインが混雑し、必要な情報を見逃してしまう怖れがあります。フォローの解除でフォロー数を減らしたり、Sec.45を参考にリストを作成したりなどして整理しましょう。

第 **4** 章

Twitterをもっと
便利に使おう

Section 37 Twitterをとことん楽しむ

Twitterはさまざまなジャンルの情報を集めるのに便利なSNSです。ここでは、どのような機能があるのかを紹介します。上手に利用して、便利にTwitterを楽しみましょう。

☑ 便利な機能を活用する

●いいね・ブックマーク

面白い、参考になったなど、好意が持てるツイートがあったら、「いいね」しましょう。また、気になるツイートは「ブックマーク」に登録して、あとから見ることができます（Sec.38、39参照）。

●アカウント通知

「アカウント通知」を設定しておけば、お気に入りのアカウントからのツイートがプッシュ通知されるので、見落とすことなく確認できます（Sec.40参照）。

●キーワード検索

「キーワード検索」欄にキーワードを入力すると、キーワードに関連するツイートやユーザーを絞り込むことができます（Sec.41、42参照）。

●ハッシュタグ

ツイートを特定の話題でまとめる機能「ハッシュタグ」を利用すれば、フォロワー以外の多くのユーザーとも話題を共有できます（Sec. 43参照）。

●トレンド

Twitter上で話題になっているキーワードやツイートは「話題を検索」からチェックできます。また、「日本のトレンド」からは、日本で現在話題となっているキーワードを確認できます（Sec.44参照）。

●リスト

「リスト」機能を利用すると、自分の選んだユーザーのみのタイムラインを作成できます。目的別に、好きなユーザーのツイートをチェックすることができます（Sec45〜47参照）。

Section 38 面白かったツイートに「いいね」しよう

面白かったり参考になったりしたツイートがあったら、「いいね」をして好意を伝えましょう。「いいね」したツイートは保存され、あとから読み返すことができます。「いいね」の上限は決まっていないので、気軽に「いいね」してみましょう。

✅ ツイートに「いいね」する

1 タイムラインの、「いいね」したいツイートをタップします。

2 ♡をタップします。

3 ツイートが「いいね」されて、♡が♥に変わります。

Memo タイムライン上で「いいね」する

「いいね」はタイムライン上で行うこともできます。ツイート下部の♡をタップすると、「いいね」されます。

☑ 「いいね」したツイートを確認する

① ホーム画面左上の三をタップします。

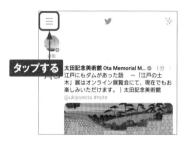

タップする

② ＜プロフィール＞をタップします。

タップする

③ プロフィール画面が表示されたら、＜いいね＞をタップします。

タップする

④ 「いいね」したツイートが一覧表示されます。

⑤ 画面を上方向にスライドすると、過去に「いいね」したツイートを確認することができます。

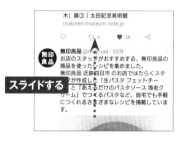

スライドする

Memo 「いいね」を取り消す

手順⑤の画面で♥をタップすると、「いいね」を取り消すことができます。なお、一度「いいね」を取り消すと「いいね」の画面からは完全に消えてしまうので、間違えて取り消さないように注意しましょう。

タップする

85

Section

39 また見たいツイートをこっそり「ブックマーク」しよう

ツイートを「いいね」で保存すると、相手に「いいね」したことが通知されます。ブックマーク機能を利用すると、相手に知られないでツイートをブックマークに登録し、あとから見返すことができます。

✓ ツイートをブックマークする

1 タイムラインのブックマークに登録したいツイートをタップします。

2 メニューバーの ⤴ (iPhoneの場合は ⬆) をタップします。

3 <ブックマーク>をタップすると、ツイートがブックマークに登録されます。

Memo タイムライン上からブックマークする

ブックマークはタイムライン上で行うこともできます。ツイート下部の ⤴ (iPhoneの場合は ⬆) → <ブックマーク>をタップすると、「ブックマーク」に登録されます。

☑ ブックマークしたツイートを確認する

(1) ホーム画面左上の三をタップします。

(2) <ブックマーク>をタップします。

(3) ブックマークが一覧表示されます。

(4) 画面を上方向にスライドすると、ブックマークに登録したツイートを新しい順に確認することができます。

Memo ブックマークを解除する

ブックマークに登録したツイートは、手順④の画面で∝（iPhoneの場合は↥）→<ブックマークを削除>をタップすることで解除できます。なお、「いいね」と同様に、一度解除すると「ブックマーク」の画面から完全に消えてしまうので注意しましょう。

Section

40

気になるアカウントのツイートが「通知」されるようにしよう

フォローするアカウントが増えてくると、タイムラインにたくさんのツイートが表示され、興味のあるツイートを見逃すことがあります。「アカウント通知」機能を有効にして、特定のアカウントのツイートが通知されるようにしましょう。

✓ アカウント通知を有効にする

① タイムラインでアカウント通知を設定したいユーザーのツイートをタップします。

② ユーザーのプロフィールアイコンをタップします。

③ プロフィール画面が表示されたら、⊙（iPhoneの場合は⊙）をタップします。

 Memo フォローしている人が対象

「アカウント通知」機能は、自分がフォローしているすべてのユーザーに対して設定できます。

④ アカウント通知される種類の選択画面が表示されます。＜すべてのツイート＞をタップします。

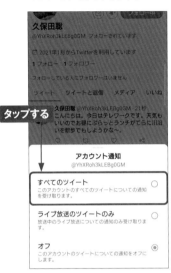

⑤ アカウント通知の設定が完了します。画面下部に「新しいツイートの通知を受け取ります。」と表示されます（iPhoneの場合は表示されません）。

⑥ アカウント通知を設定したユーザーがツイートの投稿やリツイートすると、プッシュ通知が届きます。

Memo アカウント通知を解除する

アカウント通知を解除したい場合は、画面左上の≡をタップして、＜設定とプライバシー＞→＜通知＞→＜プッシュ通知＞→＜ツイート＞の順にタップします。アカウント通知を有効にしているアカウントが一覧表示されるので、通知を解除したいアカウントをタップし、＜アカウント通知＞→＜オフ＞の順にタップします。

Section

41 興味があることがツイートされているか検索してみよう

ツイートは、キーワード検索することができます。検索は、公開されているすべての
ツイートが対象となり、フォローしていないアカウントのツイートも対象になります。
ただし、ブロックしているアカウントのツイートは検索されません。

☑ キーワードからツイートを検索する

1 メニューバーの○をタップします。

2 「話題を検索」画面が表示されま
す。<キーワード検索>をタップし
ます。

3 キーワードを入力して、キーボード
の🔍(iPhoneの場合は<検索>
または<search>)をタップしま
す。

4 <話題のツイート>(iPhoneの
場合は<話題>)や<最新>な
どをタップして条件を絞り込むこと
もできます(Sec.42参照)。

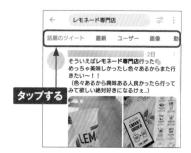

☑ 検索フィルターを活用する

(1) P.90手順④の画面で、をタップします。

タップする

(2) 「アカウント」や「位置情報」を指定し、<適用する>をタップします。iPhoneの場合は「ユーザー」や「場所」を指定し、<適用>をタップします。

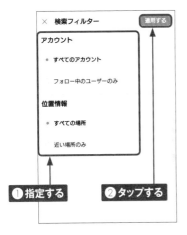

① 指定する　　② タップする

(3) 指定した条件でフィルターされたツイートのみが一覧表示されます。

Memo　履歴から検索する

Twitterの検索履歴を使ってキーワード検索を行うこともできます。P.90手順②の画面で<キーワード検索>をタップすると、検索欄下部に過去に入力したキーワードが表示されます。キーワードをタップすると、検索が行われます。

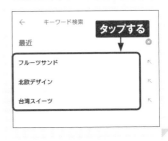

タップする

91

Section
42
検索したツイートを
絞り込もう

キーワード検索では、写真や動画を含むツイートを絞り込むこともできます。言葉だけではわかりにくいことでも、画像や動画などの視覚情報付きのツイートを見ればひと目でわかります。

☑ 写真付きのツイートを検索する

1 Sec.41を参考にキーワード検索を行い、検索結果が表示されたら、<画像>をタップします。

2 写真付きのツイートのみが一覧表示されます。気になるツイートをタップします。

3 ツイートの詳細が表示されます。写真をタップすると、拡大表示されます。

☑ 動画付きのツイートを検索する

1 Sec.41を参考にキーワード検索を行い、検索結果が表示されたら、メニューを左方向にスライドします。

2 <動画>をタップします。

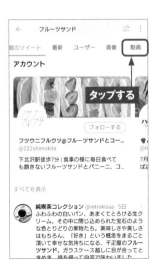

3 動画付きのツイートのみが表示されます。気になるツイートをタップします。

4 ツイートの詳細が表示されます。サムネイルをタップすると、動画が再生されます。

第4章 Twitterをもっと便利に使おう

93

ハッシュタグでみんなと同じ話題をツイートしよう

ツイート内やツイートの最後にハッシュタグを付けて投稿すると、同じテーマについて検索したユーザーの目に付きやすくなります。上手に利用することで、イベントやテレビ番組などの話題を多くの人と共有して楽しめます。

☑ ハッシュタグとは?

「ハッシュタグ」とは、頭に「#」を付けたキーワードのことです。あるトピックに関する自分のツイートを、多くのユーザーに見てもらいたいときに役立ちます。使い方としては、たとえば、あるテレビ番組の感想をツイートするとき、文章の末尾に「#○○○○(番組名)」と付け加えます。このようにハッシュタグを付けてツイートすることで、同じ番組名でキーワード検索していたほかのユーザーの目に留まり、たくさんの「いいね」をもらうこともあります。多くの人が同じハッシュタグをツイートすると、「トレンド」に表示されることもあり、トピックによっては世界的な規模になることもあります。

ツイートに付いた「#」+「キーワード」をタップすると、同じハッシュタグの付いたツイートを、一覧表示することができます。

キーワード検索画面に表示されている「トレンド」(Sec.44参照)には、話題のハッシュタグが表示されることがあります。

☑ ハッシュタグを付けてツイートする

(1) 画面右下の✏️をタップします。

(2) ツイート入力欄にツイート内容を入力します。

(3) 入力したテキストのあとに半角スペースと「#キーワード」(ここでは「#パン屋さん」)を入力して、<ツイートする>をタップします。

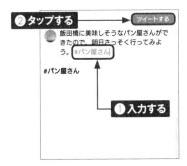

(4) 投稿したツイートにハッシュタグ(ここでは「#パン屋さん」)が付きます。

Memo ハッシュタグで使える文字

ハッシュタグは、興味のある話題に関するツイートを閲覧したり、共通の趣味を持ったユーザーを探したりするのに役立ちます。ユーザーが好きなように作成できるので、映画のタイトルやよく訪れる場所の名前など、いろいろなハッシュタグを検索してみましょう。なお、ハッシュタグには日本語と英数字が利用可能です。記号、句読点、スペースは使用できず、挿入するとハッシュタグがそこで切れてしまいます。

☑ ハッシュタグで検索する

(1) ハッシュタグの付いたツイートの
ハッシュタグをタップします。

(3) ハッシュタグの付いた画像付きツ
イートが一覧表示されます。

(2) 共通のハッシュタグで投稿され
たツイートが一覧表示されます。
<画像>をタップします。

Memo ハッシュタグの付けすぎに注意する

ハッシュタグは、文字数の上限以
内であれば何個でも付けられま
すが、効果的なのは2～3個ま
でと言われています。自分のツ
イートを広めたいがために、流行
のトピックをまとめてハッシュタグ
とすることは迷惑行為とみなさ
れ、報告されることもあります。
ハッシュタグを付ける際には、節
度ある使い方を心がけましょう。

☑ 複数のハッシュタグで検索する

(1) メニューバーの ○ をタップします。

(2) 「話題を検索」画面が表示されます。<キーワード検索>をタップします。

(3) 複数のハッシュタグを入力して、キーボードの ○ （iPhoneの場合は<検索>または<search>）をタップします。

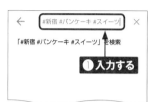

(4) 検索したハッシュタグの付いたツイートが一覧表示されます。

Section

44 トレンドになっている キーワードを検索しよう

Twitterで現在、どのような話題が盛り上がっているのかがわかるのが、「話題を検索」画面です。さまざまな幅広いジャンルのトレンドを確認し、検索することができます。ジャンル別に見ることもできます。

☑ トレンドを検索する

1 メニューバーの〇をタップします。

2 「話題を検索」画面が表示され、Twitter上で話題になっているトレンドのおすすめが表示されます。画面を上方向にスライドします。

3 各ジャンルのさまざまなトレンドが表示されます。気になるトレンドをタップします。

4 タップしたトレンドのツイートを検索した画面が表示されます。

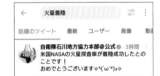

Memo ツイートの検索画面 以外も表示される

「話題を検索」画面に表示されるトレンドをタップすると、手順④のようにキーワード検索画面が表示されるほか、Twitter社が作成したモーメント（ニュースのまとめ）が表示される場合もあります。

☑ 「日本のトレンド」から検索する

(1) P.98手順②の画面で、<トレンド>をタップします。

(2) 「日本のトレンド」画面が表示されます。画面を上方向にスライドします。

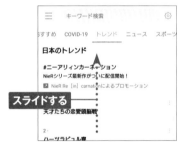

(3) 現在日本で話題になっている上位29のトレンドが表示されます。気になるトレンドをタップします。

(4) タップしたトレンドのツイートを検索した画面が表示されます。

Memo トレンドを ジャンル別に見る

「話題を検索」画面で「おすすめ」の箇所を左方向にスライドし、<ニュース>や<スポーツ><エンターテイメント>をタップすると、それぞれのジャンルに関するトレンドを見ることができます。

Section

45 気になる人たちを リストにまとめよう

興味のあるアカウントをすべてフォローすると、タイムラインの流れが速く、フォロー
管理も大変です。リストを作成し、テーマごとにアカウントを登録しておくと、ツイー
トを確認しやすくなります。

☑ リストを作成する

リストとは、複数のアカウントをまとめてツイートを一覧表示できる機能です。たとえば友
人のツイートだけをまとめたければ、「友人」という名前のリストを作成して、友人のアカ
ウントを登録します。リストは複数作成できるので、趣味に関連するアカウントをまとめたリ
ストや、ニュースに関連するアカウントをまとめたリストを作っていくことで、効率的に情報
を収集することができます。作成したリストは公開され、フォローし合うことで互いのリスト
を見ることができます。リストを見られたくない場合は、非公開にします。

① 画面左上の三をタップします。

② ＜リスト＞をタップします。

③ 「リスト」画面が表示されたら、をタップします。

Memo リストの個数制限

Twitterのリストは、1,000個
まで作成できます。また、リスト
には最大5,000アカウントまで
登録できます。

4 「リストを作成」画面が表示されるので、リストの名前と説明を入力し、<作成>をタップします。

5 「リストに追加」画面が表示されるので、ここでは<完了>をタップしてリストの作成を完了させます（アカウントを追加する方法は、Sec.46で解説します）。

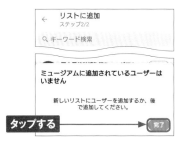

6 作成したリストを見るには、画面左上の三をタップして、メニューの<リスト>をタップします。

7 見たいリストをタップします。

8 リストに追加したアカウントのツイートが表示されます。

Section

46 作ったリストを編集しよう

作成したリストは、あとからアカウントを追加したり、削除したりすることができます。
初期状態のリストは公開され誰でも見ることができますが、非公開にすることで見られないようにすることも可能です。

☑ リストに新しくアカウントを追加する

1 リストに追加したいアカウントのプロフィール画面を表示し、⋮（iPhoneの場合は…）をタップします。

2 <リストに追加／削除>（iPhoneの場合は<リストへ追加または削除>）をタップします。

3 追加先のリスト名をタップすると、ユーザーを追加できます。

Memo リストへの追加はフォローには含まれない

アカウントをリストに追加しても、そのアカウントのフォロー数やフォロワー数は変化せず、ツイートが自分のタイムラインに表示されることもありません。

第4章 Twitterをもっと便利に使おう

☑ リストからユーザーを削除する

1 P.101手順⑥〜⑧を参考に編集したいリストを表示し、＜リストを編集＞をタップします。

ミュージアム
興味のある美術館や博物館のアカウントリスト。
今井さやか @sayachan0525
7 メンバー

タップする　リストを編集

↩ 国立西洋美術館さんがリツイートしました
【公式】東京国立近代美術… @ 1月31日
#眠り展 開催してます

3DVRも公開中
おうちで過ごす方のために、展覧会をオンライン上で無料公開しています。作品に近寄ることはできませんが、カーテンをはじめ、本展こだわりの会場の雰囲気を楽しんでください。会場構成と制作に関わった方々のインタビューも必見。

my.matterport.com/show/?m=erb5Jx…

2 編集画面が表示されたら、＜メンバーを管理＞をタップします。

← リストを編集

名前
ミュージアム

説明
興味のある美術館や博物館のアカウントリスト。

メンバーを管理

非公開
リストを非公開にすると、他のアカウントが表示できなくなります。

リストを削除　タップする

3 リストに追加したユーザーが一覧表示されます。削除したいユーザーの右側にある＜削除＞をタップします。

← メンバーを管理

ユーザー　　　　　　おすすめ

国立西洋美術館
@NMWATokyo　　削除

京都国立博物館 トラりん
@TORARINOFFICIAL　削除

京都文化博物館 ✓
@kyoto_bunpaku　削除

東京都美術館 ✓
@tobikan_jp　　削除

太田記念美術館 Ota Memorial …
@ukiyoeota　　削除

江戸東京博物館 ✓
@edohakugibochan　削除

目黒区美術館 Meguro Museum of …
@mmatinside　　削除

タップする

Memo リストを非公開にする

手順②の画面で「非公開」をオンにすると、リストを非公開にすることができます。作成済みのリストでは、P.102手順③の画面から操作が可能です。

非公開
リストを非公開にすると、他のアカウントが表示できなくなります。

リストを削除

Section
47
ほかの人が作ったリストを フォローしよう

ほかのアカウントが作成し、公開しているリストは自由にフォローすることができます。
アカウントをフォローしていなくても、リストのフォローは可能です。また、フォローし
たリストはいつでも解除することができます。

☑ ほかの人が作ったリストをフォローする

(1) アカウントのプロフィール画面を
表示し、❶ (iPhoneの場合は
⚫⚫⚫) をタップします。

(2) <リストを表示>をタップします。

(3) フォローしたいリスト名をタップしま
す。

Memo 自分で作成した リストとの違い

リストをフォローすると、自分で
作成したリストと同様に利用する
ことができます。ただし、フォロー
したリストにまとめられているア
カウントを追加・削除することは
できません。

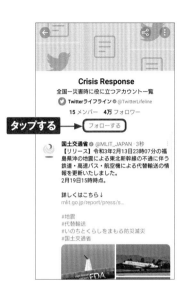

④ リストが表示されたら、<フォローする>をタップします。

タップする → フォローする

⑤ 初回は「リストを固定」画面が表示されるので、ここでは<OK>をタップします。<OK>をタップすると、作成・フォローした時期が古いリストから順に一覧表示されますが、<このリストを固定>をタップすると、タイムライン画面の上部にそのリストのタブが表示されるようになります。

リストを固定

このリストをホームタイムラインに固定すると、いつでも簡単にアクセスできます。

このリストを固定

タップする →

OK ←

⑥ リストのフォローが完了します。フォローしたリストを見るには、P.101手順⑥〜⑧を参考に操作を行います。

Memo リストをフォローしたことは知られる？

リストをフォローすると、そのリストを作成したアカウントにフォローしたことが通知されます。また、手順⑥の画面の<フォロワー>をタップすると、下図のようにフォローしているユーザーが一覧表示され、誰がリストをフォローしているか確認できます。

☑ リストのフォローを解除する

1 P.101手順⑦の画面で、フォローを解除したいリストをタップします。

2 リストが表示されます。＜フォロー中＞をタップします。

3 リストのフォローが解除されます。

4 「リスト」画面の一覧からも削除されます。

Memo フォローしたリストが削除／非公開にされた場合

フォローしたリストが削除された場合は、フォローが自動的に解除されます。また、リストが非公開に変更された場合もフォローが自動的に解除されます。

第**5**章

アプリを連携して
楽しもう

Section

48 関連サービスのアプリと連携しよう

Twitterをより楽しく便利に利用するために、関連サービスのアプリを利用しましょう。通常、外部アプリを利用するには、アカウント設定を一から行わなければなりませんが、Twitterとの連携を許可すると手間を省くことができます。

☑ アプリを連携するメリット

便利なアプリやサービスが増えるのにしたがって、会員登録やログインの機会も増えています。しかし、メールアドレスやアカウントのIDをいちいち入力していくのは手間がかかります。Twitterアプリと連携しておくと、かんたんにログインでき、面倒な入力を省くことができるものもあります。また、Twitterアカウントと同じIDおよびパスワードを使えるので、複数のIDやパスワードを覚えなくて済みます。連携後は、ツイートによってそのアプリを利用していることをフォロワーに知らせることができます。

●会員登録の手間を省ける

Twitterアカウントと連携できるアプリであれば、アカウントの作成を省くことができ、すぐに利用できます。

●Twitterと紐付けられる

SNSなどのアプリと連携すると、利用するたびにTwitterで告知ツイートすることができます。写真の投稿や放送などを、多くの人に見てもらうのに有効です。

☑ 本書で紹介するサービスのアプリ

●トゥギャッター

特定のテーマに関するツイートをまとめたり、ほかの人がまとめた記事を閲覧したりして楽しむことができます（Sec.49参照）。

●フォローチェック

フォローしているアカウント、されているアカウントの管理ができるアプリです（Sec.50参照）。

●Instagram

写真投稿SNSです。Twitterと連携すると、投稿内容が自動的にツイートされるようになります（Sec.51参照）。

●ツイキャス・ライブ

スマートフォンだけで映像、または音声のみのライブ配信ができるアプリです。Twitterと連携すると、配信を知らせるツイートができます（Sec.52参照）。

Memo 再度ログインが求められる場合

連携後、一定期間が過ぎたら再びログインが促される場合があります。これはセキュリティ対策として行われています。

Section

49

話題になっていることをまとめ記事で読もう（トゥギャッター）

「トゥギャッター」は、特定のテーマに関するツイートをまとめて記事として読めるサービスです。Twitterと連携していなくても利用できますが、連携すると、まとめ記事にコメントした際に、自動的にツイートすることができます。

☑ トゥギャッターでツイートのまとめを閲覧する

アプリ：トゥギャッター
開発者：Togetter Inc
価格：無料

Android

iPhone

① ホーム画面またはアプリケーション画面から、インストールした<Togetter>をタップし、アプリを起動します。

タップする

② <次へ>→<ログイン>の順にタップします。iPhoneの場合は、この操作のあとに<開く>をタップします。

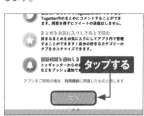

タップする

③ 画面を上にドラッグし、<アプリにアクセスを許可>をタップしてTwitterと連携します。iPhoneの場合は<開く>をタップします。

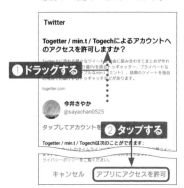

① ドラッグする

② タップする

④ 通知を設定する場合は＜通知を受け取る＞、あとで設定する場合は＜あとで＞をタップします。

⑤ トゥギャッターのトップ画面が表示されます。🔍をタップします。

⑥ 検索したいキーワードを入力し、＜キーワード＞をタップして、キーボードの🔍（iPhoneの場合は＜検索＞または＜search＞）をタップします。

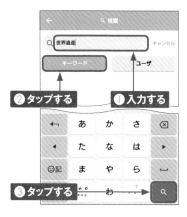

⑦ 検索結果が表示されます。気になるまとめ記事をタップします。

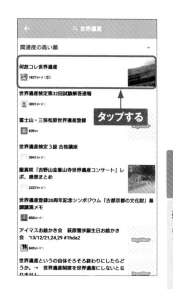

⑧ まとめ記事の詳細が表示されます。

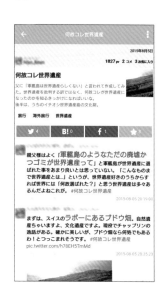

Section

50 フォロー／フォロワーを 管理しよう（フォローチェック）

「フォローチェック」は、フォローとフォロワーを管理するアプリです。フォローをまとめて解除できたり、そのアカウントにおける最終ツイート年月日を一覧表示してアクティブなアカウントか判断できる、公式アプリにはない便利な機能を備えています。

☑ フォローチェックでフォローを管理する

アプリ：フォローチェック
for Twitter
開発者：darjjeelling
価格：無料

Android

iPhone

(1) ホーム画面またはアプリケーション画面から、インストールした＜フォロー＞（iPhoneの場合は＜フォローチェック＞）をタップしてアプリを起動し、 をタップします。

タップする

(2) 認証用のログイン画面が表示されたら、Twitterアカウントとパスワードを入力し、＜連携アプリを認証＞をタップしてTwitterと連携します。

Follow Tool (フォローチェック)にアカウントへのアクセスを許可しますか？

Follow Tool (フォローチェック)

① 入力する

the app to manage your followers (フォロワー管理のためのアプリです)

sayachan0525

保存する・パスワードを忘れた場合はこちら

連携アプリを認証

キャンセル

② タップする

このアプリケーションは次のことができます。
・ このアカウントのタイム

(3) フォローチェックのトップ画面が表示されます。Twitterアカウントが表示されるのでタップします。

アカウント

@sayachan0525

タップする

④ アカウントのフォロー状況が表示されます。確認したいフォロー状況（ここでは＜新しいフォロワー＞）をタップします。

⑥ ✓に変わると、フォローが完了します。フォローを解除したいアカウントの✓をタップします。

フォローが完了した　タップする

⑤ 新しくフォロワーになったユーザーが一覧で表示されます。フォローしたいユーザーの＋をタップします。

タップする

⑦ ＋に変わり、フォローの解除が完了します。

フォローが解除される

Section

51 おしゃれな写真を投稿してみよう（Instagram）

「Instagram（インスタグラム）」は、投稿した写真はInstagram内のフォロワーにしか通知されません。しかしTwitterと連携することで、Twitterのタイムラインにも写真のリンクを自動でツイートでき、より多くの人に見てもらえるようになります。

☑ Instagramのアカウントを登録する

アプリ：Instagram
開発者：Instagram
価格：無料

Android

iPhone

1 ホーム画面またはアプリケーション画面から、インストールした<Instagram>をタップし、アプリを起動します。

タップする

2 <メールアドレスか電話番号で登録>（iPhoneの場合は<新しいアカウントを作成>）をタップします。

タップする

Memo Facebookアカウントで登録する

Facebookアカウントをすでに持っている場合は、手順②の画面で<Facebookでログイン>をタップし、Facebookのアカウントとパスワードを入力してログインすると、かんたんな手順でInstagramのアカウントを登録することができます。

③ <メール>をタップして、メールアドレスを入力し、<次へ>をタップします。

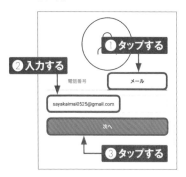

④ 手順③で入力したメールアドレス宛にメールが送信されます。メールに記載されている認証コードを入力し、<次へ>をタップします。

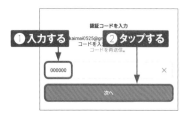

⑤ 名前と6文字以上のパスワードを入力して、<連絡先を同期せずに次に進む>をタップします。iPhoneの場合は名前を入力し、<次へ>をタップして、パスワードを入力したら、<次へ>をタップします。

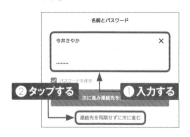

⑥ 誕生日を設定し、<次へ>→<次へ>の順にタップします。iPhoneの場合はそのあと<登録>をタップします。

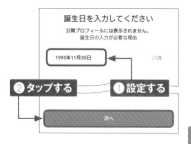

⑦ Facebookとの連携やプロフィール写真の追加を設定する画面が表示されるので、ここでは<スキップ>を3回（iPhoneの場合は5回）タップします。

⑧ おすすめアカウントのフォローを促す画面が表示されます。ここでは→（iPhoneの場合は<次へ>→<オン>→<許可>）をタップします。

☑ Instagramで写真を投稿する

① 画面上部（iPhoneの場合は画面下部）のメニューから、⊞をタップします。

② 画面下部の<投稿>（iPhoneの場合は<ライブラリ>）をタップします。

③ 投稿したい写真をタップして選択し、ドラッグやピンチイン／アウトをして調整して、→（iPhoneの場合は<次へ>）をタップします。

Memo 撮影して投稿する

カメラで撮影して投稿したい場合は、手順②の画面で◎（iPhoneの場合は<写真>→<OK>）をタップし、◻（iPhoneの場合は◯）をタップして手順④の画面に進みます。

第5章 アプリを連携して楽しもう

④ フィルター加工や編集を行い、→
（iPhoneの場合は＜次へ＞）を
タップします。

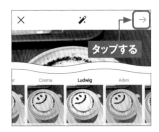

⑤ 必要に応じてキャプションを入
力し、連携アプリの一覧から
＜Twitter＞の ◯ をタップしま
す。

⑥ 初めて投稿するときには、Twitter
への連携が必要となります。
Twitterアカウントとパスワードを
入力して、＜連携アプリを認証＞
をタップします。

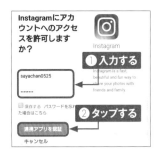

⑦ Twitterとの連携が完了したら、
✓（iPhoneの場合は＜シェア＞）
をタップして投稿します。

⑧ Instagramに写真が投稿されま
す。投稿した写真は、Twitterで
も自分のツイートとして投稿されま
す。

Section

52 ライブ配信を楽しもう （ツイキャス・ライブ）

「ツイキャス・ライブ」は、ライブ配信がスマートフォンだけでかんたんにできるアプリです。Twitterと連携しておくと、配信するときにそれを知らせるツイートが同時にツイートされるようになります。

✅ ツイキャスのアカウントを登録する

アプリ：ツイキャス・ライブ
開発者：Moi Corporation
価格：無料

Android

iPhone

① ホーム画面またはアプリケーション画面から、インストールした<ツイキャスライブ>をタップし、アプリを起動します。

タップする

② <同意して開始>をタップします。iPhoneの場合はこの画面は表示されず、手順④へと進みます。

タップする

③ カメラの使用許可画面が表示されるので、<許可>をタップします。続けてスマートフォン内の写真ファイルやマイクの許可を確認されるので、<許可>→<許可>の順にタップします。

タップする

写真と動画の撮影を「ツイキャスライブ」に許可しますか？

許可

許可しない

④ アカウント作成画面が表示されます。<Twitter>をタップします。

⑤ <アプリにアクセスを許可>をタップし、Twitterと連携します。iPhoneの場合はユーザー名とパスワードを入力し、<連携アプリを認証>を2回タップします。

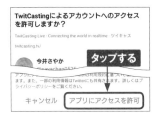

⑥ ツイキャスの公式Twitterアカウントをフォローするかどうかの画面が表示されます。<フォロー>または<キャンセル>をタップします。iPhoneの場合はこのあと、<OK>→<OK>→<プライバシーポリシーに同意します>→<後で設定>の順にタップします。

⑦ ツイキャス・ライブのトップ画面が表示されます。

Memo 年齢確認とメールアドレスの登録

ツイキャスでは、年齢確認とメールアドレス登録が推奨されています。Twitterと連携しアカウントを登録したら、手順⑦の画面で<マイページ>(iPhoneの場合は画面右下のアイコン→<アカウントメニュー>)をタップします。<年齢確認を完了してください>、<メールアドレスの登録を完了してください。>をそれぞれタップして、手続きしておきましょう。

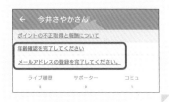

☑ ツイキャス・ライブでライブ配信する

① ライブ配信を開始するには、<ライブ>（iPhoneの場合は<LIVE>）をタップします。

② Twitterにライブ配信を知らせるツイートの投稿画面が表示されます。必要であれば追加のコメントを入力し、◉（iPhoneの場合は◉）になっていることを確認して、<投稿する>（iPhoneの場合は<送信>）をタップします。

③ <OK>をタップします。

④ 画面左下の「ライブ」の表記に色が付き、ライブ配信されます。iPhoneの場合は画面中央の「オフライン」の表示が「LIVE」に変わります。

第5章

アプリを連携して楽しもう

120

(5) 🔄 (iPhoneの場合は🔄) をタップします。

(6) カメラがインカメラに切り替わります。

(7) ライブ配信を終わらせるには、<ライブ> (iPhoneの場合は画面右上の<配信終了>) をタップします。

(8) 「ライブ終了」画面が表示されるので、<録画を保存する>または<このライブを削除する> (iPhoneの場合は<非公開><公開><ライブを削除する>) をタップします。

第5章 アプリを連携して楽しもう

121

Section

53 アプリ連携を解除しよう

Twitterと関連アプリとの連携は便利ですが、中にはこれを悪用して勝手に特定の
アカウントをフォローしたり、ダイレクトメッセージを送信したりするようなものもあります。連携が不要なアプリは解除するようにしましょう。

✓ アプリの連携を解除する

1 画面左上の≡をタップします。

2 <設定とプライバシー>をタップします。

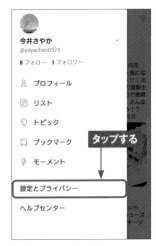

3 「設定とプライバシー」画面が表示されたら、<アカウント>をタップします。

4 「アカウント」画面が表示されたら、「データと許可」の<アプリとセッション>をタップします。

⑤ <連携しているアプリ>をタップします。

⑥ Twitterと連携しているサービスやアプリが表示されます。連携を解除したいサービスまたはアプリをタップします。

⑦ 連携中のサービス・アプリの詳細が表示されます。<アクセス権を取り消す>をタップします。

⑧ Twitterとの連携が解除されます。

Memo お金を配っているアカウントの目的は？

2019年1月、著名な起業家が自らのアカウントをフォロー&リツイートをした人の中から100人に現金100万円をプレゼントするという企画を行い、話題を呼びました。その後実際に当選した人のツイートも話題を呼び、同様に現金をプレゼントするというツイートが散見されました。

その後、同様にお金を配るという触れ込みで、身元のわからない怪しいアカウントや、有名人になりすました不正なアカウントなども多く現れました。これらのアカウントはどのような目的で現金を配るといっているのでしょうか？

目的の1つとして、そのツイートからLINEへの登録を促させ、手数料などと称し、お金を振り込ませたり、また、言葉巧みに情報商材などを購入させようとしたりするということがあります。また、そのようにして収集したTwitterやLINEのアカウント情報をまとめて、「インターネットセキュリティの意識が低いユーザーリスト」として、違法性の高い闇サイトなどで販売されることもあるようです。さらに、現金を餌にたくさんのフォロワーを集め、のちにそのアカウントを高額で転売するといった事例もあります。もちろん、いずれも実際に現金がプレゼントされることはありません。

タダで現金がもらえるといった怪しいアカウントをフォローしたり、リツイートしたりしないよう、十分注意しましょう。

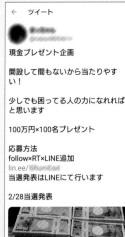

◀現金をプレゼントするといった怪しいツイートには要注意。

第**6**章

パソコン版の Twitterを使ってみよう

パソコンで
Twitterを楽しもう

パソコン版のTwitterも用意されています。画面が大きいため、一度に多くの情報を見ることができて便利です。アプリをインストールし、スマホアプリで利用しているTwitterのアカウントとパスワードを入力してログインしてみましょう。

☑ パソコン版Twitterをインストールする

① デスクトップ画面左下の■
→ <Microsoft Store>
の順にクリックします。

② クリックする

① クリックする

② 画面右上の<検索>をク
リックします。

クリックする

③ 「Twitter」と入力し、
Enterキーを押します。

入力する

4 <Twitter>をクリックします。

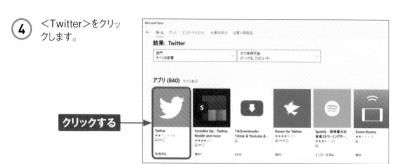

クリックする

5 <インストール>をクリックします。

クリックする

6 インストールが完了したら、<起動>をクリックします。

クリックする

7 <ログイン>をクリックします。メールアドレスまたはユーザー名を入力し、パスワードを入力して、<ログイン>をクリックします。

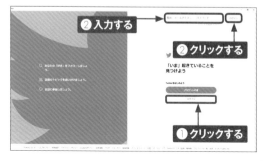

②入力する

②クリックする

「いま」起きていることを見つけよう

①クリックする

127

Section
55
パソコン版の
画面の見方を知ろう

パソコン版Twitterにログインすると、Twitterのホーム画面が表示されます。ホーム画面には、左側にナビゲーションバーが、中央にタイムラインが配置されています。スマホ版とは異なり、一画面に表示される情報量が多いのが特徴です。

☑ ホーム画面の画面構成

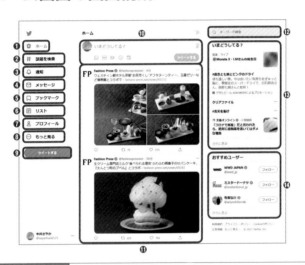

①ホーム	ほかの画面を表示中にクリックすると、ホーム画面に戻ります。
②話題を検索	Twitterで話題になっているツイートやハッシュタグを確認できます。頻繁に更新されるため、リアルタイムに情報を確認できます。
③通知	リツイートやリプライがあったとき、フォロワーが増えたときなどに通知されます。新着通知があるときは、件数が表示されます。
④メッセージ	ダイレクトメッセージ（Sec.20参照）を作成・閲覧できます。
⑤ブックマーク	ブックマークに追加したツイートを確認できます。
⑥リスト	複数のユーザーをグループごとに管理できます。リストのタイムラインには、リストに登録したアカウントのツイートが表示されます。
⑦プロフィール	自分がこれまでにつぶやいたツイート数やフォロー／フォロワーの人数を確認できます。

⑧もっと見る	Twitterの設定や表示など、各種設定が行えます。
⑨ツイートする	ホーム画面以外のページを表示しているときでも、ツイート入力画面を表示できます。
⑩ツイート入力欄	ツイートを投稿できます。画像や位置情報を添付することもできます。
⑪タイムライン	フォローしたユーザーや自分のツイートが一覧表示されます。
⑫キーワード検索	キーワードを入力して、関連するユーザーやツイート、人気の画像や動画などを検索できます。
⑬いまどうしてる?	その瞬間にもっともツイートされているキーワードやハッシュタグが表示されます。
⑭おすすめユーザー	フォローしているアカウントにもとづいた、Twitterのおすすめユーザーが一覧表示されます。

🏠 ホーム画面の表示方法

① ホーム画面以外のページを表示しているときに、<ホーム>をクリックします。

クリックする

② ホーム画面が表示されます。なお、ホーム画面を表示しているときに<ホーム>をクリックすると、最新の状態に更新されます。

Memo パソコン版Twitterからログアウトする

パソコン版Twitterを使わないときは、安全を考慮してログアウトしましょう。画面左下に表示されている自分のアカウントをクリックし、<@（アカウント名）からログアウト>→<ログアウト>の順にクリックします。

❷ クリックする

今井さやか
@sayachan0525 ✓

既存のアカウントを追加

@sayachan0525からログアウト

❶ クリックする

今井さやか
@sayachan0525 ...

第6章 パソコン版のTwitterを使ってみよう

129

Section

56 パソコンから ツイートしよう

パソコン版Twitterのホーム画面の見方を覚えたら、さっそくツイートを投稿してみましょう。ホーム画面の場合はツイート入力欄、別の画面を表示している場合はナビゲーションバーの<ツイートする>をクリックすると、ツイートを投稿できます。

☑ ツイートを投稿する

●ホーム画面から投稿する

(1) Twitterのホーム画面を表示し、<いまどうしてる?>をクリックします。

(2) 入力欄に投稿内容を入力し、<ツイートする>をクリックします。

①入力する

②クリックする

(3) 投稿が完了し、入力したツイートがタイムラインに表示されます。

表示される

●ホーム画面以外から投稿する

(1) ホーム画面以外のページを表示しているときは、<ツイートする>をクリックします。

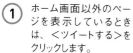

クリックする

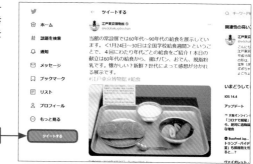

(2) 入力欄に投稿内容を入力し、<ツイートする>をクリックします。

① 入力する

② クリックする

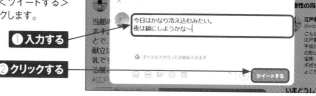

(3) 投稿が完了し、入力したツイートがタイムラインに表示されます。

表示される

Memo 文字数のカウント

パソコン版Twitterも、スマホ版Twitterと同様に、ツイート入力欄の右下に残りの文字数の割合を視覚的に表す円グラフが表示されます。入力する際の目安にしましょう。

第**6**章　パソコン版のTwitterを使ってみよう

131

Section

57 パソコンから写真付きで ツイートしよう

パソコンに保存されている写真を添付してツイートすることができます。Webブラウザのスクリーンショットやハードディスクに保存されている写真をツイートしたいときは、パソコンから行いましょう。

☑ 写真付きのツイートを投稿する

① Sec.56を参考にツイート入力欄を表示し、🖾 をクリックします。

クリックする

② 投稿したい写真をクリックして選択し、<開く>をクリックします。

① クリックする

② クリックする

Memo 複数の写真を投稿したい

手順②の画面で Ctrl キーを押しながら写真を選択し、<開く>をクリックすると、ツイート入力画面に複数の写真を添付できます。

(3) 入力欄にツイートを入力して、＜ツイートする＞をクリックします。

(4) 写真付きのツイートがタイムライン上に表示されます。写真のサムネイルをクリックします。

クリックする

(5) 写真を拡大表示することができます。

Memo 写真を削除したい

写真だけを削除することはできません。あとから別の写真に差し替えたいときなどは、ツイート自体を削除する必要があります。ツイートを削除するには、ツイート右上の…→＜削除＞→＜削除＞の順にクリックします。

Section

58 パソコンからリプライや リツイートをしよう

パソコン版Twitterにも、リプライやリツイート（RT）機能が用意されています。気になるツイートを見つけたら、リプライやリツイートを活用して、フォロワーと交流してみましょう。

☑ 誰かのツイートにリプライする

① ホーム画面を表示し、返信したいツイートの♡をクリックします。

クリックする

② 返信先のユーザー名を確認し、ツイート内容を入力して、＜返信＞をクリックします。

①確認する

②入力する

③クリックする

③ 返信したリプライがタイムライン上に表示されます。

表示される

☑ ほかの人のツイートをリツイートする

① ホーム画面を表示し、気になるツイートの⟲をクリックします。

クリックする

② <リツイート>をクリックします。

クリックする

③ リツイートが完了すると、リツイートされている数が増えます。

Memo コメント付きのリツイートを行う場合

手順②の画面で<引用ツイート>をクリックすると、コメントを付けてリツイートすることができます。

パソコンから「いいね」しよう

パソコン版のTwitterからも、スマホ版と同様に「いいね」を付けることができます。「いいね」したツイートを確認する場合も、スマホ版と同じようにプロフィール画面から操作を行います。

☑ ツイートに「いいね」を付ける

(1) ホーム画面を表示し、「いいね」に登録したいツイートの♡にマウスカーソルを合わせます。

カーソルを合わせる

(2) アイコンが♡に変わります。アイコンをクリックします。

クリックする

(3) ツイートが「いいね」され、「いいね」されている数が増えます。

☑ 「いいね」を確認する

① P.136手順③の画面で、ナビゲーションバーの<プロフィール>をクリックします。

クリックする

② プロフィール画面が表示されるので、<いいね>をクリックします。

クリックする

③ 「いいね」が付けられたツイートが、時系列順に表示されます。

Memo 「いいね」を解除する

付けた「いいね」は、手順③の画面の♥をクリックして、解除することができます。「いいね」の件数が増えてきたら、不要な「いいね」は解除して整理するとよいでしょう。なお、一度解除すると「いいね」のページからは完全に消えてしまうので、間違えて解除しないように注意しましょう。

クリックする

Section

60

パソコンからブックマークに追加しよう

あとで読み返したいツイートは、ブックマークを利用して保存しましょう。「いいね」と異なり、ブックマークに追加しても相手には通知されません。プロフィール画面にも表示されないので、安心して利用することができます。

☑ 気になるツイートをブックマークする

(1) ブックマークに追加したいツイートの ↥ をクリックします。

クリックする

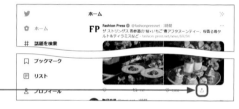

(2) <ブックマークに追加>をクリックすると、ブックマークに追加されます。

クリックする

(3) ナビゲーションバーの<ブックマーク>をクリックすると、ブックマークしたツイートを確認できます。

クリックする

Memo ブックマークを削除

手順③の画面で、ブックマークから削除したいツイートの ↥ →<ツイートをブックマークから削除>の順にクリックすると、ブックマークを削除することができます。

Section

61 パソコンから ツイートを検索しよう

画面右上の「キーワード検索」欄にキーワードを入力すると、キーワードに関連するツイートやユーザーなどを検索することができます。 気になる話題を検索して、ほかのユーザーの反応を見てみましょう。

☑ キーワード検索をする

① 「キーワード検索」欄に調べたいキーワードを入力し、Enter キーを押します。

入力する

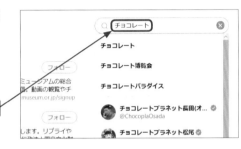

② 検索結果が表示されます。「話題のツイート」「最新」「アカウント」「画像」「動画」をクリックすると、それぞれの検索結果を表示することができます。

クリックする

Memo 検索フィルターで絞り込む

手順②の画面右上に表示されている「検索フィルター」から、検索結果を絞り込むことができます。アカウントや場所を絞り込めるほか、<高度な検索>をクリックすると、さらに詳細な項目を指定して絞り込むことができます。

Section

62 ログインせずに ツイートを読もう

別のパソコンからTwitterを利用するときや、アカウントを持っていない人にツイートを読んでもらいたいときは、WebブラウザからTwitterにアクセスしましょう。ログインしなくても、ツイートを確認したり検索したりすることができます。

☑ Webブラウザからアクセスする

(1) Webブラウザ でTwitter（https://twitter.com/）にアクセスして画面下部の＜プロフィール一覧＞をクリックします。

(2) 検索窓にアカウント名、もしくは調べたいキーワードを入力して、🔍をクリックします。

①入力する

②クリックする

(3) 入力したキーワードに関連したアカウントやツイートが表示されます。

表示される

第 **7** 章

こんなときはどうする?
Q&A

Section

63 パクツイ、裏垢、アカウント凍結って何?

Twitterを利用してしばらく経つと、ときおりトラブルの原因になりうる事態を目にすることもあります。ここでは、その中でも登場頻度の高い、トラブルに関連する用語について解説していきます。

☑ パクツイとは

パクツイとは「パクったツイート」のことです。タイムラインではしばしば、とても面白かったり有用だったりするツイートが数千単位でリツイートされています。しかし中には、そのツイートをコピーしてあたかも自分のオリジナルであるかのように再ツイートすることで、事情を知らないほかのアカウントからリツイートしてもらおうとする人もいます。そのような行為を「パクツイ」と呼びます。オリジナルのツイートを盗用してはならないのはもちろん、できればリツイートの際にそれがオリジナルのツイートかどうか確かめるとよいでしょう。

● パクツイは必ず発覚する

なかなかフォローしてもらえないな……そうだ、人気のあるツイートをコピーして投稿してしまおう

あなたと同じ内容のツイートが、別のアカウントによって、もっと古い日付で投稿されていますよ！

手っ取り早くフォロワーを増やすために、パクツイをくり返すアカウントも多く存在します。しかし、ツイートの日付によってどれがオリジナルのツイートかは誰からもすぐにわかってしまうため、このような行為はやめましょう。

☑ 裏垢とは

自身の本来のアカウントとは別に、秘密裏に設けた匿名アカウントを作成する人もいます。そのようなアカウントを「裏アカウント」といい、それが略されて「裏垢（うらあか）」と呼ばれるようになりました。裏垢では、表立っては言えない他人に対する誹謗中傷などのツイートが多く投稿される傾向にあります。それだけで推奨できないのはもちろんですが、裏垢をめぐるトラブルとしてよくあるのが、裏垢に切り替えるのを忘れて本来のアカウントでそのような誹謗中傷をツイートしてしまうケースです。

●裏垢のツイートが知られるとトラブルにつながる

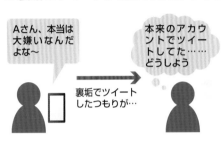

> 裏垢で陰口などをツイートしたつもりが、本来のアカウントでツイートしてしまった、というトラブルも後を絶ちません。最悪の場合は、自分が所属する企業のアカウントで裏垢のツイートをしてしまい、大きな問題に発展するケースもあります。

☑ アカウント凍結とは

不特定多数に同一内容のツイートやダイレクトメッセージを送信したり、攻撃的なツイートをくり返したりすると、ほかのユーザーからTwitter社に通報されて、アカウントが凍結されることがあります。これは迷惑行為に対する一種の警告であり、一時的な措置であることもありますが、解除の申し立てをしないと凍結されたままのケースもあります。

●通報の数が多いとアカウント凍結される

@YhXRoh3kLEBg0GMさんの問題を
具体的にお知らせください。

アカウントに興味がない

不審な内容またはスパムである

アカウントが乗っ取られている

私や他の利用者のなりすましをしている

プロフィールの情報や画像に攻撃的な内容や暴言、脅迫、差別が含まれる

> 悪質な行為をしているアカウントのプロフィールで、：→<報告>の順にクリックすると、Twitter社へ通報することができます。そのアカウントが悪質である理由をタップして選択し、<Twitter社に報告する>をタップしましょう。

Section

64

迷惑なアカウントを ブロック／ミュートしたい

攻撃的なアカウントやスパムと思われるフォロワー、あるいは直接フォロー関係になくとも迷惑であると感じるようなアカウントは、ブロックすることで関係を絶つことができます。なお、ブロックはあとから解除することも可能です。

☑ 特定のフォロワーをブロックする

(1) ブロックしたいアカウントのプロフィール画面を表示し、(iPhoneの場合は) をタップします。

(2) <ブロック>（iPhoneの場合は<@（アカウント名）さんをブロック>）をタップします。

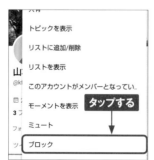

(3) <ブロック>をタップすると、ブロックが完了します。

(4) ブロックされたアカウントが相手のアカウントを確認しようとすると、ブロックされている旨が表示され、ツイートなどを見ることができません。

第7章 こんなときはどうする？ Q&A

☑ ブロックを解除する

① ブロックしたアカウントのプロフィール画面を表示し、 ▤ （iPhoneの場合は ▤ ）をタップします。

② ＜ブロックを解除＞（iPhoneの場合は＜＠（アカウント名）さんのブロックを解除する＞）をタップします。

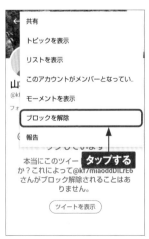

③ ＜はい＞をタップします（Androidの場合のみ）。

④ ブロックが解除されるので、必要であれば＜フォローする＞をタップして、再度フォローしましょう。

Memo 相手に知らせずに非表示にする（ミュート）

特定アカウントのツイートをタイムラインに表示しないようにするには、「ミュート」機能を使う方法もあります。P.144手順②で＜ミュート＞（iPhoneの場合は＜＠（アカウント名）さんをミュート＞）をタップすると、そのアカウントのツイートが自分のタイムラインに表示されなくなります。フォローは解除されないため、ブロックとは異なり、相手からは判断できません。

Section
65
知らない人に自分の
ツイートを見られたくない

Twitterでつぶやいたツイートは誰でも自由に見ることができるため、個人的な情報が第三者に知られてしまうリスクがあります。自分のフォロワーにだけツイートを公開したい場合は、アカウントを非公開に設定しましょう。

☑ アカウントを非公開に設定する

(1) ホーム画面などで、画面左上の ☰ をタップします。

(2) <設定とプライバシー>をタップします。

(3) <プライバシーとセキュリティ>をタップします。

(4) 「ツイートを非公開にする」の ⬤ をタップします。

146

(5) アイコンが ● (iPhoneの場合は ●●) になると、アカウントの非公開設定がオンになります。

(6) 非公開になると、自分の名前の右側に 🔒 が表示されます。

Memo フォロワー以外がプロフィールを見た場合

フォロワー以外がプロフィールを見ると、「このアカウントのツイートは非公開です。」と表示され、ツイートを閲覧できなくなります。

Memo アカウントを非公開にすると?

アカウントを非公開に設定するとフォローに承認が必要になります。誰かが自分をフォローしようとすると、P.146手順②の画面に<フォローリクエスト>が表示されるのでタップし、アカウント名の右側にある ◯ をタップすると、フォローが承認されます。なお、非公開のアカウントのツイートをリツイートすることはできません。

Section 66

「のっとり」から
アカウントを守りたい

2要素認証を有効にすることで、アカウントのセキュリティを強化できます。2要素認証では、ログインする際、パスワードだけでなく電話番号やコードの入力が必要となります。第三者が勝手にログインする「のっとり」の防止にも効果的です。

☑ 2要素認証を有効にする

① P.146手順①〜②を参考に、「設定とプライバシー」画面を表示し、<アカウント>をタップします。

② <セキュリティ>をタップします。

③ <ログイン認証>→<2要素認証>の順にタップします。iPhoneの場合は、<ログイン認証>→「ログイン認証」の○ →<確認>の順にタップします。

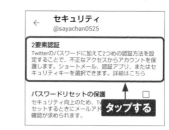

Memo メールアドレスや電話番号を登録しておこう

2要素認証を設定するには、メールアドレスや電話番号の登録が必須です。メールアドレスや電話番号を登録していない場合は、手順②の画面で<メール>（iPhoneの場合は<メールアドレス>）または<携帯電話>（iPhoneの場合は<電話番号>）をタップし、登録しておきましょう。

④ <テキストメッセージ>をタップします。

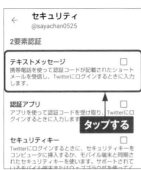

⑤ <始める>をタップします。

⑥ パスワードを入力して<認証する>をタップします。

⑦ 電話番号を入力して、<次へ>をタップします。

⑧ SMSに届いた認証コードを入力して、<次へ>をタップします。

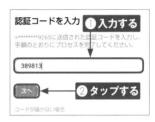

⑨ バックアップコードが表示されるので、必ずメモを取っておきましょう。

この使い捨てバックアップコードは安全な場所に保管してください。 表示される

Memo バックアップコードとは？

バックアップコードとは、スマートフォン紛失時や、携帯電話番号を変更した場合でもTwitterにログインできるコードのことです。

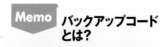

第7章 こんなときはどうする？ Q&A

149

Section

67 プッシュ通知や メール通知の設定を変更したい

リプライやダイレクトメッセージなどを受け取ると、メールによる通知やプッシュ通知でお知らせが届きます。これらの通知は、個別に変更することができます。不要な通知はオフにしておくとよいでしょう。

✅ 通知設定を変更する

① P.146手順①〜②を参考に、「設定とプライバシー」画面を表示し、＜通知＞をタップします。

② ここでは＜プッシュ通知＞をタップします。

③ 通知をオフにしたい項目の☑（iPhoneの場合は ◯ ）をタップして、オフにします。

Memo メール通知を オフにする

スマホへのプッシュ通知以外にも、メールでの通知も用意されています。不要な場合は、手順②の画面で＜メール通知＞をタップし、必要に応じて各通知項目をオフにしましょう。

Section

68 「通知」画面に表示される情報を変更したい

Twitterは、フォローしているアカウントがほかのアカウントのツイートに「いいね」した、というような重要度の低い情報であっても通知するため、フォロー数が増えてくるとわずらわしく感じることもあります。不要だと感じた通知はオフにしましょう。

☑ フォロワーからの情報のみを通知する

① 「通知」画面は、画面下部にあるメニューバーの ♤ をタップすると表示される画面のことです。

通知 ⚙

すべて @ツイート

♥ 🧑
技術加奈子さんがあなたのツイートをいいねしました
今年はかなり寒い～～た
こたつは出してＳ **タップする**
使用と思います。

⌂ Ｑ 🔔 ✉

② P.146手順①～②を参考に、「設定とプライバシー」画面を表示し、＜通知＞をタップします。

← **設定とプライバシー**

@sayachan0525

アカウント **タップする**

プライバシーとセキュリティ

通知

コンテンツの設定

一般

③ ＜詳細フィルター＞をタップします。

← 通知
@sayachan0525

フィルター

クオリティフィルター ☑
関連性の低いコンテンツを通知から除外します。フォローしているアカウントや最近やり取りしたアカウントからの通知は除外されません。詳細はこちら

詳細フィルター

ミュートするキーワード **タップする**

④ 表示したくない通知のチェックボックス（iPhoneの場合は ◯ ）をタップしてオンにすると、指定した条件のアカウントからの通知は表示されなくなります。

← **詳細フィルタ** **タップする**

次のアカウントからの通知を表示しない

フォローしていないアカウント ☐

フォローされていないアカウント ☐

新しいアカウント ☐

プロフィール画像が設定されていないアカウント ☐

Section

69 DMを誰からでも 受け取れるようにしたい

ダイレクトメッセージ（DM）は、互いにフォローしているアカウントどうしでメッセージをやりとりする機能ですが、フォローしていないアカウントからのメッセージも受け取れるように設定することができます。

☑ すべてのアカウントからダイレクトメッセージを受信する

① P.146手順①〜②を参考に、「設定とプライバシー」画面を表示し、<プライバシーとセキュリティ>をタップします。

② <ダイレクトメッセージ>をタップ（iPhoneの場合は、「すべてのアカウントからメッセージを受け取る」の ○ をタップ）すると、設定完了です。

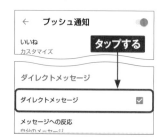

③ <メッセージリクエストを受信する>の ◯ をタップします。

④ 設定が有効になり、すべてのアカウントからのメッセージを受信できるようになります。

Section

70 Twitterの通信容量を節約したい

タイムラインで動画を添付したツイートを表示して再生すると、そのたびに通信量が発生します。通信料金を節約したい場合は、「データ利用の設定」で動画の自動再生などをオフにしましょう。

☑ データ利用の設定を変更する

●データセーバー機能をオンにする

(1) P.146手順①〜②を参考に、「設定とプライバシー」画面を表示し、<データ利用の設定>をタップします。

(2) <データセーバー>のチェックボックス（iPhoneの場合は　）をタップすると、データセーバー機能がオンになります。

●動画の自動再生だけをオフにする

(1) 「データ利用の設定」画面を表示し、<動画の自動再生>をタップします。

(2) <Wi-Fi接続時のみ>または<オフ>をタップすると、動画の自動再生設定が変更されます。

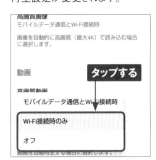

第 7 章　こんなときはどうする？ Q&A

153

Section 71

メールアドレスを変更したい

アカウント作成時に登録したメールアドレスには、各種通知やTwitter社からのお知らせがメールで届きます。新しいメールアドレスで通知をチェックしたい場合は、Twitter側の設定を変更しましょう。

☑ メールアドレスを変更する

① P.146手順①〜②を参考に、「設定とプライバシー」画面を表示し、＜アカウント＞をタップします。

② ＜メール＞（iPhoneの場合は＜メールアドレス＞）をタップします。

③ パスワードを入力して＜次へ＞をタップします。

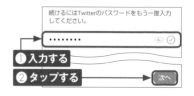

④ 変更したいメールアドレスを入力し、＜次へ＞（iPhoneの場合は＜完了＞）をタップします。

⑤ 入力したメールアドレスに届いたメールに書かれた認証コードを入力して、＜認証＞をタップします。

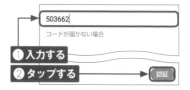

Section

72 パスワードを変更したい

アカウント作成時に設定したパスワードは、変更することできます。初期設定時に、安易なパスワードでアカウントを作成してしまったときなどは、より複雑なものに変更すると、セキュリティ上安心です。

✅ パスワードを変更する

① P.146手順①～②を参考に、「設定とプライバシー」画面を表示し、＜アカウント＞をタップします。

② ＜パスワード＞をタップします。

③ 現在のパスワードと新しいパスワードを2回入力して、＜パスワードを更新＞（iPhoneの場合は＜完了＞）をタップすると、Twitterのパスワードが変更されます。

第7章 こんなときはどうする？ Q&A

Memo パスワードを忘れたら？

パスワードを忘れてしまったら、手順③の画面で＜パスワードを忘れた場合はこちら＞をタップしてメールアドレスか電話番号かアカウント名を入力して＜検索＞をタップし、＜次へ＞をタップして、アカウントに登録されているメールアドレスに届いたメールの＜パスワードをリセット＞をタップします。次に新しいパスワードを2回入力し、＜送信＞をタップして＜Twitterを続ける＞をタップすると変更完了です。

Section

73 Twitterをやめたい

何らかの事情でTwitterをやめたい場合は、「アカウント」設定から退会処理を行い、アカウントを削除します。削除したアカウントは30日が経過すると完全に消滅しますが、30日以内であれば復活させることができます。

☑ アカウントを削除する

① P.146手順①～②を参考に、「設定とプライバシー」画面を表示し、<アカウント>をタップします。

② <アカウントを削除>をタップします。

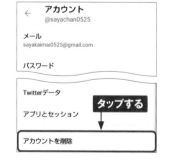

③ <アカウント削除>をタップします。

Memo 第三者に勝手に削除されてしまった場合は?

Twitterアカウントを削除した覚えがないのに削除されてしまった場合は、Twitterヘルプセンター(https://help.twitter.com/forms/restore)に問い合わせて対応してもらいましょう。

④ Twitterのパスワードを入力して、<アカウント削除>をタップします。

⑤ 確認画面が表示されたら、<削除する>をタップします。

⑥ Twitterアカウントが削除されました。<OK>をタップして、画面を閉じます。

Memo アカウントを復活させる場合

Twitter退会処理が完了しても、30日以内に同じアカウントでログインすれば、アカウントを復活させることができます。「Twitter」アプリの起動後に<ログイン>をタップし、アカウント名、電話番号、メールアドレスのいずれかとパスワードを入力して<ログイン>をタップすれば復活できます。ただし、復活して24時間以内はフォロー数やフォロワー数、ツイート数が正しく反映されない場合があります。

第7章 こんなときはどうする？ Q&A

157

索引

お問い合わせについて

本書に関するご質問については、本書に記載されている内容に関するもののみとさせていただきます。本書の内容と関係のないご質問につきましては、一切お答えできませんので、あらかじめご了承ください。また、電話でのご質問は受け付けておりませんので、必ずFAX か書面にて下記までお送りください。
なお、ご質問の際には、必ず以下の項目を明記していただきますようお願いいたします。

1 お名前
2 返信先の住所または FAX 番号
3 書名
　（ゼロからはじめる Twitter ツイッター 基本 & 便利技）
4 本書の該当ページ
5 ご使用の端末
6 ご質問内容

なお、お送りいただいたご質問には、できる限り迅速にお答えできるよう努力いたしておりますが、場合によってはお答えするまでに時間がかかることがあります。また、回答の期日をご指定なさっても、ご希望にお応えできるとは限りません。あらかじめご了承くださいますよう、お願いいたします。ご質問の際に記載いただきました個人情報は、回答後速やかに破棄させていただきます。

お問い合わせの例

■ お問い合わせの例

FAX

1 お名前
技術 太郎

2 返信先の住所または FAX 番号
03-XXXX-XXXX

3 書名
ゼロからはじめる
Twitter ツイッター
基本 & 便利技

4 本書の該当ページ
40 ページ

5 ご使用の端末
AQUOS sense3 basic

6 ご質問内容
手順 3 の画面が表示されない

お問い合わせ先

〒 162-0846
東京都新宿区市谷左内町 21-13
株式会社技術評論社　書籍編集部
「ゼロからはじめる Twitter ツイッター 基本 & 便利技」質問係
FAX 番号　03-3513-6167
URL：https://book.gihyo.jp/116

ゼロからはじめる Twitter ツイッター 基本 & 便利技

2021 年 5 月 26 日　初版　第 1 刷発行
2023 年 1 月 5 日　初版　第 3 刷発行

著者	リンクアップ
発行者	片岡 巌
発行所	株式会社 技術評論社
	東京都新宿区市谷左内町 21-13
電話	03-3513-6150　販売促進部
	03-3513-6160　書籍編集部
装丁	菊池 祐（ライラック）
本文デザイン・編集・DTP	リンクアップ
担当	荻原 祐二
製本／印刷	図書印刷株式会社

ISBN978-4-297-12092-4 C3055

Printed in Japan